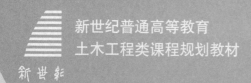

新世纪普通高等教育
土木工程类课程规划教材

建筑结构抗震设计

（第二版）

总主编　李宏男
主　编　任晓崧
主　审　林　皋

JIANZHU JIEGOU
KANGZHEN SHEJI

大连理工大学出版社

图书在版编目(CIP)数据

建筑结构抗震设计 / 任晓崧主编. -- 2 版. -- 大连：
大连理工大学出版社，2021.8
新世纪普通高等教育土木工程类课程规划教材
ISBN 978-7-5685-3132-0

Ⅰ. ①建… Ⅱ. ①任… Ⅲ. ①建筑结构－防震设计－
高等学校－教材Ⅳ. ①TU352.104

中国版本图书馆 CIP 数据核字(2021)第 154668 号

大连理工大学出版社出版
地址：大连市软件园路 80 号 邮政编码：116023
发行：0411-84708842 邮购：0411-84708943 传真：0411-84701466
E-mail：dutp@dutp.cn URL：http://dutp.dlut.edu.cn
大连永发彩色广告印刷有限公司印刷 大连理工大学出版社发行

幅面尺寸：185mm×260mm 印张：11 字数：253 千字
2015 年 12 月第 1 版 2021 年 8 月第 2 版
2021 年 8 月第 1 次印刷

责任编辑：王晓历 责任校对：陈稳旭
封面设计：对岸书影

ISBN 978-7-5685-3132-0 定 价：37.80 元

普通高等教育土木工程类课程规划教材编审委员会

苏振超	厦门大学
李　哲	西安理工大学
李伙穆	闽南理工学院
李素贞	同济大学
李晓克	华北水利水电大学
李帼昌	沈阳建筑大学
何芝仙	安徽工程大学
张　鑫	山东建筑大学
张玉敏	济南大学
张金生	哈尔滨工业大学
陈长冰	合肥学院
陈善群	安徽工程大学
苗吉军	青岛理工大学
周广春	哈尔滨工业大学
周东明	青岛理工大学
赵少飞	华北科技学院
赵亚丁	哈尔滨工业大学
赵俭斌	沈阳建筑大学
郝冬雪	东北电力大学
胡晓军	合肥学院
秦　力	东北电力大学
贾开武	唐山学院
钱　江	同济大学
郭　莹	大连理工大学
唐克东	华北水利水电大学
黄丽华	大连理工大学
康洪震	唐山学院
彭小云	天津武警后勤学院
董仕君	河北建筑工程学院
蒋欢军	同济大学
蒋济同	中国海洋大学

前言

　　《建筑结构抗震设计》(第二版)是新世纪普通高等教育土木工程类课程规划教材,面向应用型本科教育的需求,由长期从事本课程教学工作的教师集体编写,体现了编者的教学经验总结。

　　历史上的大地震造成了严重的灾害,留下了令人难以磨灭的记忆,汲取以人类生命和财产为代价换来的经验和教训是非常重要的。面对严重的房屋结构震害,身为专业技术人员,一方面,我们需要反思工程抗震所存在的问题,并应为之付出更多的努力;另一方面,如何将结构抗震方面的知识简明扼要地呈现给读者,尤其是如何是那些初涉工程抗震问题的学生,是教育工作者应尽的义务。

　　"小震不坏,中震可修,大震不倒",通过切实可行的技术手段提高结构的刚度、强度和变形能力,进而实施有效的工程抗震,减少或者减轻人员伤亡和社会损失等,这正是抗震设防的出发点。本教材力图在编写中突出编者对于本课程教学特点的认识。第一,强调从地震震害着手认识地震的作用机理,所附的房屋震害照片均为编者在汶川地震后实地收集的第一手资料,从工程应用的角度突出设防烈度的意义,并说明与地震烈度之间的关系;第二,从地震反应谱理论的认识加强对抗震分析理论的阐述,对单自由度体系在正弦激励和实测地震记录作用下的加速度、速度和位移反应及反应谱进行分析,以此说明反应谱的基本概念和特点;第三,单独编写抗震概念设计一章,从抗震设防目标、场地与地基、结构布置与选型、非结构构件的设计、抗震新技术等多个方面结合现行抗震规范的内容进行详细叙述,希望读者能对此有较全面、清晰的认识;第四,除现行规范的抗震计算分析内容外,抗震计算分析部分尚包含钢筋混凝土、砌体和钢结构的抗震验算内容,简明扼要地介绍了抗震验算的主要思路;第五,利用两个实例给出了钢筋混凝土框架结构、砌体结构抗震设计的详细过程，包括设计流程、参数选择、构造措施及施工图等，并结合结构设计软件说明其工程应用的全过程。

本教材自 2015 年出版以来，编者收集了教材使用中的反馈意见，结合现行标准与规范等进行本次修订。对于地震灾害抵御的历史总结是文化积淀并传承发展的过程，本次修订增加了抗震规范的历史沿革和抗震鉴定与加固等的相关内容，回溯了各时期抗震规范的基本情况和主要特点，减少因倒塌的建筑物或构筑物而导致人员伤亡成为全社会的共识，结合邢台地震、海城地震、唐山地震、汶川地震、玉树地震、雅安地震等重要事件，说明了人们认识和科学技术的演变与发展，引导读者全面认知结构抗震问题背后的社会意义。

本教材每章篇头设置学习目标、思政目标，每章篇尾设置学习小结、思考题、习题等，以帮助读者加强对学习内容的理解。

本教材由同济大学任晓崧任主编，同济大学郑晓芬，唐山学院郝婷玥、柳丽霞，上海交通大学岳峰，同济大学建筑设计研究院（集团）有限公司周彬参与了编写。具体分工如下：第 1 章由任晓崧编写，第 2 章由郑晓芬编写，第 3 章由任晓崧编写，第 4 章由郝婷玥、柳丽霞编写，第 5 章由岳峰、周彬编写，全书由任晓崧统稿并定稿。再版修订由任晓崧完成。大连理工大学林皋院士认真地审阅了书稿，提出了宝贵建议，谨致谢忱。同时感谢郭雪峰、周球尚、薛慧为本教材做了大量诸如习题试算、图表绘制等烦琐工作。

在编写、修订本教材的过程中，编写者参考、引用和改编了国内外出版物中的相关资料以及网络资源，谨表谢意！相关著作权人看到本教材后，请与出版社联系，出版社将按照相关法律的规定支付稿酬。

由于编者水平有限，加之时间仓促，书中仍有疏漏不妥之处在所难免，敬请专家和读者批评指正，以使教材日臻完善。

编　者
2021 年 8 月

所有意见和建议请发往:dutpbk@163.com
欢迎访问高教数字化服务平台:http://hep.dutpbook.com
联系电话:0411-84708445　84708462

目 录

第 1 章

认识地震及建筑结构震害

学习目标

认识地球的构造,了解地震的分布规律、地震的成因和分类;了解地震波传播的规律,掌握地震记录的三要素;掌握震级的基本概念和我国震级的确定参数;掌握烈度的基本概念和我国确定烈度的各项指标,掌握设防烈度与地震烈度的关系;通过典型震害了解地震的破坏机理。

思政目标

重视地震灾害的调查和分析,从中汲取以人类生命和财产为代价换来的经验和教训是非常重要的,回溯历史让学生认知地震及震害,理解结构抗震的应用范围和应用价值,进而认识从事抗震工作专业技术人员所肩付的社会责任和历史使命。

地震是一种自然现象,地球内某处岩层突然破裂导致能量快速释放,从而产生振动,并以波的形式传到地表引起地面的颠簸和摇晃,从而引起了地面的运动,人类将这种地面的运动称为地震。据统计,全世界每年发生的地震约达五百万次,其中绝大多数地震由于发生在地球深处或者它所释放的能量小而使人们难以感觉到,这类地震一般称为无感地震。人们能感觉到的地震,即有感地震,占地震总数的 1% 左右,其中 5 级以上的破坏性地震 1 000 余次,能够造成严重破坏的强烈地震则为数更少,平均每年发生十几次。

强烈地震可以在瞬间造成山崩地裂、河流改道、堤坝溃决、桥梁等基础设施毁坏、房屋倒塌等,时常伴有火灾、水灾、山崩、滑坡以及海啸等次生灾害,造成严重的人员伤亡和财产损失,严重影响社会发展,给人类造成灾难。地震的发生也为检验建筑物的抗震能力和现行设计标准的合理性提供了真实的依据。对房屋震害经验的总结始终成为人们进行抗震设计、完善抗震技术、开拓研究领域的重要依据。

1.1 频发的地震灾害

世界范围内地震频发,其中不乏破坏性极强的强烈地震,各国都加强了地震观测,如美国地质调查局给出了 24 小时内的 2.5 级以上的地震情况和 30 天内的强烈地震发生情况,汇总了 1977 年至今的强烈地震的相关资料等(http://www.usgs.gov/);又如中国国家地震局则提供了 2001 年起中国地区发生的 5 级以上地震和世界范围内发生的 7 级以上地震的情况(http://www.cea.gov.cn/)。

1.1.1 世界地震活动

破坏性地震并不是均匀地分布于地球的各个部位。根据历史资料,强震的震中分布是按照一定规律集中在某些特定的大地构造部位,一般位于各地球板块的边界处,总体呈现带状分布特点,其中环太平洋地震带和沿地中海—喜马拉雅的欧亚地震带是最频繁的活跃区域。

环太平洋地震带全长 35 000 km,北起太平洋北部的阿留申群岛,分东西两支沿太平洋东西两岸向南延伸。其东支经美国阿拉斯加、加拿大西部、美国加利福尼亚、墨西哥西部地区、中美洲后,到达南美洲的哥伦比亚、秘鲁和智利。其西支经美国阿拉斯加、俄罗斯堪察加半岛、千岛群岛、日本列岛、琉球群岛、中国台湾省、菲律宾、印度尼西亚、斐济后,到达新西兰东部海域。该地震带几乎环绕太平洋一周,将大陆和海洋分隔开来。环太平洋地震带构造系基本上是大洋岩石圈与大陆岩石圈相聚和的边缘构造系,地震活动极为频繁和强烈,该地震带是地球上最主要的地震带,全世界约 80% 的浅源地震、90% 的中源地震和几乎所有的深源地震都集中于此。

沿地中海—喜马拉雅的欧亚地震带全长达 20 000 千米,西起大西洋的亚速尔群岛,经地中海、意大利亚平宁半岛、西西里岛、土耳其、伊朗、帕米尔、巴基斯坦、尼泊尔、印度北部,到达喜马拉雅山东侧,穿过我国青藏高原南部和中南半岛西缘,直到印度尼西亚班达海与环太平洋地震带西侧相接。该地震带穿过欧亚两大洲,受亚欧板块、非洲板块和印度洋板块相互挤压影响。除环太平洋地震带外几乎所有的中源地震和强度较大的浅源地震都发生在此地震带。

表 1-1 为百年以来发生在中国以外的几次大地震,其中,1923 年日本关东大地震、2004 年印度洋大地震、2010 年海地大地震与智利大地震、2011 年东日本大地震产生了重大的社会影响,为全社会的抗震防灾提出了警示,主要情况简述见表 1-1。

表 1-1　　　　　　　　　　百年以来发生在中国以外的几次大地震

时间	地点	震级	破坏情况
1906 年 4 月 18 日	美国加利福尼亚州旧金山	7.8 级	地震及此后发生的连续 3 天大火导致城区基本被毁,22.5 万人流离失所,保守估计死亡人数在 3 000 人以上
1923 年 9 月 1 日	日本关东	8.1 级	大火燃烧,海啸涌起,洪水泛滥,死亡和失踪者达 15 万人
1960 年 5 月 21 日	智利	8.5 级	引起了横扫太平洋的海啸,巨浪直驱日本,几千人丧生
1995 年 1 月 17 日	日本阪神	7.2 级	5 466 人死亡,3 万多人受伤,几十万人无家可归
1999 年 8 月 17 日	土耳其西部地区	7.4 级	3 万人死亡,大批人无家可归
2004 年 12 月 26 日	印度尼西亚苏门答腊岛	8.9 级	引发强烈海啸,造成 20 余万人死亡
2010 年 1 月 12 日	海地	7.3 级	22.3 万人丧生,19.6 万人受伤,产生 30 余万难民
2010 年 2 月 27 日	智利	8.8 级	500 余人死亡,引发强烈海啸
2011 年 3 月 11 日	日本东北部	9.0 级	地震引发海啸,死亡及失踪人数近 3 万人,造成福岛县第一核电站核泄漏事故

1. 旧金山地震

1906 年 4 月 18 日在美国加利福尼亚州旧金山发生了里氏 7.8 级大地震,是美国迄今破坏最严重的一次地震,影响范围超过 100 km²,一方面是房屋大量倒塌所引起的城区的毁灭和大量的人员伤亡,按照事后的保守估计,死亡人数在 3 000 人以上,另一方面是随之而来的地震火灾所造成的巨大财产损失,尽管很大一部分火灾是由地震导致的天然气管道破裂所导致的,还有很多火灾是人为纵火引起的,因为当时保险公司只对火灾损失而非地震损失进行赔偿。这次地震发生后,人类第一次利用科学方法进行了详细研究,也为地震相关学科的发展提供了很好的契机,因为震后收集的大量各类资料是地震资料第一次被清楚地以相片的形式记录下来。调查发现,这次地震是太平洋板块相对于北美洲板块沿圣安德烈斯断层向西北方向滑动造成的,地表可见的断裂线长度超过 400 km,主要以水平方向错动为主,水平错距最大为 7 m;沉积物填满的河谷遭受的地震影响比附近的河床岩石地的要大,最严重的震害发生在旧金山海岸的填海造地坍塌的地方,这反映出了不同底层构造对震害程度的影响;通过分析地震地表的变形和应变,里德(H. F. Reid)在 1911 年提出了关于地震源的弹性回跳假说解释地震成因,这个理论一直影响至今。

美国加利福尼亚州在环太平洋地震带上,受圣安德烈斯大断层的影响,地震发生频繁。1989 年 10 月 17 日、2014 年 8 月 24 日美国旧金山附近均发生了里氏 6 级以上强烈地震,尽管旧金山大地震发生以后工程抗震措施和防灾预案逐渐完善并细化,这两次地震还是给正常社会和生活秩序带来了很大的影响,也造成了严重的震害。需要补充的是,在 1994 年 1 月 17 日加利福尼亚州北岭发生里氏 6.6 级地震以后不久,加利福尼亚州颁布了《地震保险法案》,成立了加利福尼亚州地震保险局,采用公营并私营的两便运营模式,以再保险、同业基金、基金免税等方式扩大保险基金的渠道,开创和拓展了地震保险的减灾新做法。

2. 1923 年日本关东大地震

关东大地震于 1923 年 9 月 1 日发生在日本关东地区,因为当时东京的地震仪已经破坏,只能根据其他地区的地震仪记录进行推算,经日本鹿岛公司技术研究所等单位在 20 世纪 90 年代的研究结果,震级应为里氏 8.1 级。地震造成 15 万人丧生,200 多万人无家可归。地震发生时恰值中午,地震导致炉倒灶翻、煤气管道破坏,从而引起火焰四溅,加上东京、横滨两大城市人口稠密、木结构房屋众多,从而形成严重的次生火灾,大大加重了地震震害,东京烧失面积约 38.3 km²,85% 的房屋毁于一旦,横滨烧失面积约 9.5 km²,96% 的房屋被夷为平地。地震,尤其是地震引发的次生火灾导致的人员伤亡和财产损失是前所未有的。在以后的复兴计划和城市建设中,日本特别注意城市避难场所的设置、河川公园防火带的建设、各社区防灾据点的规划等,并且逐步形成了比较健全和完善的法制体系。

3. 2004 年印度洋大地震

2004 年印度洋大地震发生于 2004 年 12 月 26 日,震中位于印尼苏门答腊以北的海底,震源深度 30 km,震级为里氏 8.9 级。印度洋大地震引发高达 30 m 的海啸,波及范围远至波斯湾的阿曼、非洲东岸的索马里及毛里求斯等国,地震及震后海啸对东南亚及南亚地区造成巨大伤亡,20余万人死亡,超过50万人受伤。海啸是由地震引起的海底隆起和下陷所致。海底突然变形,致使从海底到海面的海水整体发生大的涌动,形成海啸袭击沿岸地区。由于海啸是海水整体移动,因而和通常的大浪相比破坏力要大得多。这次大地震引起的海啸所造成的巨大伤亡,与当地的环境保护不力分不开,受灾打击最严重的泰国和斯里兰卡都有因为过度开发而破坏海岸生态的记录。此次地震以后,环太平洋各国加快了海啸预警系统的建立与联动,对以后的抗震减灾,尤其是减少海啸的破坏起到了很好的作用。

4. 2010 年海地大地震与智利大地震

海地于2010年1月12日发生里氏7.3级大地震,震源深度10 km,震中烈度10度。海地所处的伊斯帕尼奥拉岛为地震活跃地区,海地地震发生在恩里基洛－芭蕉园断层的左旋走向断层,这一断层的类型与美国加利福尼亚州的圣安德烈斯断层相似,它每年要承受约7 mm的板块移动。首都太子港及全国大部分地区受灾情况严重,造成22.3万人死亡,19.6万人受伤。此后1个多月,2月11日和2月27日,智利康塞普西翁先后发生了里氏6.7级和8.8级两次地震。尽管这次智利地震释放的能量,几乎相当于海地太子港地震的500倍,500余人死亡,但地震给智利造成的灾情远没有海地严重。这主要得益于1960年在智利发生大地震以后,智利对建筑有着完善的抗震规范和严格的质量标准,且该国有比较完善的应急响应机制,居民也有很强的震后逃生意识,虽然很多建筑受到损害,但并没有完全倒塌,避免了很严重的人员伤亡。1960年5月21日～6月22日智利曾发生了20世纪震级最大的震群型地震,该大地震群由七次7级以上地震组成,其中8级以上地震两次,最大震级为里氏8.5级。海地地震和智利地震成为建筑抗震的正反面典型案例。

5. 2011 年东日本大地震

日本地处亚欧板块和太平洋板块交界处,一直是一个地震频发的国家。1995年1月17日的阪神大地震震级为里氏7.2级,是在关东大地震之后20世纪日本经历的最严重地震,由于震中处于人口密集、建筑林立的市区,死亡及失踪人数达6 437人,经济损失达1 000亿美元。2011年3月11日,日本东北部海域发生里氏9.0级地震并引发海啸,震源深度为海下10 km。东京有强烈震感。由于这次地震缘于板块间垂直运动而非水平运动,因此触发海啸,对日本一些海岸造成严重破坏,同时影响到太平洋沿岸的大部分地区。日本列岛部分沉没,约有443 km²的领土在地震和海啸后沉入水中。地震造成约15 884人遇难,2 633人下落不明。地震发生次日,日本福岛县第一核电站1号机组爆炸后释放大量核辐射,这引发了核泄漏事故的严重次生灾害,核泄漏的影响至今仍未完全消除。尽管日本对地震有着较完善的防御体系,但2011年东日本大地震还是提醒人类要高度重视地震可能带来的潜在巨大次生灾害的影响。

1.1.2 中国地震活动

中国位于世界两大地震带——环太平洋地震带与欧亚地震带之间。根据板块构造学说,中国位于欧亚板块的东南端,东接太平洋板块,南邻印度洋板块,受到欧洲向东、太平洋向西、印度洋向北的板块推力影响,地震断裂带十分发育,是世界上地震较多的国家之一。我国很早就有了关于地震及其影响的记载,最早见于春秋时期的《竹书纪年》。

根据历史资料,中国强震震中大致分布在八个带状区域内,其中台湾、东北地区一小部可以归属于受环太平洋地震带影响的区域,中印交界区域的喜马拉雅地震带属于欧亚地震带外,还有华北地震带、东南沿海地震带、南北地震带、西北地震带、青藏高原地震带、滇西地震带等,中国强震的震中分布和地震带分布图可以参见刘明光主编《中国自然地理图集(第三版)》(中国地图出版社,2010年)。强震的发生均与活动断裂构造有很大的相关性,令人记忆深刻的1976年的唐山地震、2008年的汶川地震等均属于典型的板内地震。中国地震活动分布范围广,震源浅(绝大部分深度在20—30千米以内)、强度大,位于地震区的大、中城市多,2008年四川、云南、甘肃、新疆等西部地区强震频发,还引发了泥石流等严重的次生灾害,越发加重了地震灾情,我国的抗震防灾工作所面临的形势十分严峻。

下面简述一下20世纪以来对我国影响较大的几次强烈地震的主要情况。

1. 1920 年海原地震

1920年12月16日,中国宁夏南部海原县和固原县(当时属甘肃省管辖)一带发生里氏8.5级特大地震,震中位于海原县县城以西哨马营和大沟门之间,震源深度17 km,这就是海原地震。这次地震共造成28.82万人死亡,约30万人受伤。震中烈度12度,这是人类有史以来最高烈度的地震。这是典型的板块内部大地震,强烈的震动持续了10余分钟,当时世界上有96个地震台都记录到了这场地震,余震维持3年时间,被称为环球大震。海原地震的震中烈度之所以被定为12度,一个重要原因是在震中和极震区范围内,出现了普遍而强烈的构造变形带和各种各样规模巨大的其他毁灭现象,其中包括各种各样的断层,此外还有众多的地裂缝、地面鼓包或隆起、滑坡或崩塌等。这些地表形变遗迹,历经几十年沧桑仍保留完好。党家岔堰塞湖是宁夏最大的堰塞湖,一直保留至今,目前已有较完整的生物生态链,成为当地一个景点。

海原地震发生以后,引起了当时国民政府的高度关注,不仅派员外出学习并筹建地震台,而且组织科研人员现场考察并提交研究报告。可以这样说,海原地震开启了现代中国的地震观测与研究工作。

2. 1966 年邢台地震

邢台地震由两次大地震组成,1966年3月8日,河北省邢台专区隆尧县发生震级为里氏6.8级的大地震,震中烈度9度;1966年3月22日,河北省邢台专区宁晋县发生震级为里氏7.2级的大地震,震中烈度10度。两次地震共死亡8 064人,伤38 000人。该震区在构造上属于邢台地堑区,它东邻沧县隆起,北接冀中凹陷,西界太行隆起,南邻内黄隆起。这次地震造成了严重的地面破坏,以地裂缝和喷砂冒水为主。我国在新中国成立后不久就组织专业技术人员参考苏联规范编制《地震区建筑抗震设计规范草案》,形成了1959年和1964年两个不同的版本,邢台地震的发生加速了这项工作的进程,1974年我国颁布了《工业与民用建筑抗震设计规范(试行)》(TJ 11—74)。

3.1976 年唐山地震

1976 年 7 月 28 日,中国河北省唐山、丰南一带发生了震级为里氏 7.8 级、震中烈度 11 度、震源深度 23 km 的强烈地震。地震持续约 12 秒。有感范围广达 14 个省、市、自治区,其中北京市和天津市受到严重波及。这次地震发生在工矿企业集中、人口稠密的唐山市,极震区内工矿设施大部分毁坏,整个城市顷刻间夷为平地,全市交通、通信、供水、供电中断。唐山地震没有小规模前震,且发生于凌晨人们熟睡之时,使得绝大部分人毫无防备,造成 242 769 人死亡,重伤 16.4 万人。直接经济损失 100 亿元,震后重建费用 100 亿元。1986 年 7 月 28 日,1 万多名唐山各界人士聚集在纪念碑广场举行唐山抗震 10 周年纪念大会,正式宣告唐山重建基本结束。

当年唐山未实施抗震设防,尽管大量建筑建造时间不长,也没能避免倒塌以致酿成大灾,其中的失误主要来源于对地震危险性估计不足。唐山地震,让人类更深刻地认识地球,给全世界的地震研究者们提供了一个痛苦但又极具价值的天然实验场。这次地震引起了全社会对抗震问题的重视,在科研人员、工程技术人员等的不懈努力之下,1978 年我国正式颁布了第一本抗震规范,即《工业与民用建筑抗震设计规范》(TJ 11-78),大家所熟知的砌体结构构造柱、圈梁等内容均写入抗震规范,这对于工程抗震起到了很好的指导作用。

4.1988 年澜沧—耿马地震

1988 年 11 月 6 日,澜沧—耿马发生里氏 7.6 级地震和里氏 7.2 级地震,震中烈度 9 度。这次地震云南全省均有震感,20 个县(市)遭到不同程度破坏,受灾面积达 53 440 km²,受灾人数 250 万。超过 7 度破坏的总面积约为 4 500 km²,死亡 748 人,重伤 3 759 人,轻伤 3 992 人,直接经济损失 27.5 亿元。这次地震属于主震-余震型,主震震级大,震源深度浅,破坏性强;强余震频繁、密集、持续时间长。地震造成地裂缝、山体滑坡、滑塌和土的液化;加之震区特定的地貌及地质构造条件,使这次地震波及面广,受灾面积大,灾害性强,高烈度异常点多,震害叠加效应极为显著。这是在 1976 年唐山地震和 1978 年首本抗震规范颁布以后发生的一次强烈地震,我国组织了大量的专业技术人员开展了较全面的震害调查与分析,取得了翔实的震害资料,为抗震规范的修订提供了大量基础资料。

5.1999 年台湾集集地震

台湾集集地震,也被称为 9·21 大地震,是 20 世纪末台湾最大的地震,发生时间为 1999 年 9 月 21 日,震中位于台湾南投县集集镇,车笼埔断层上面。地震震级为里氏 7.6 级,震源深度 8 km。此次地震原因是车笼埔断层的错动,并在地表造成长达 105 km 的断裂带。全岛均有明显震感,全过程持续 102 秒。死亡 2 321 人,受伤 8 000 余人,10 万余人无家可归,损失近百亿美元。台湾岛位于亚欧大陆板块和菲律宾海板块的交界处,属于环太平洋火山的一部分,地震频繁。菲律宾海板块自新生代以来一直朝西北移动,和台湾的生成有密不可分的关系,但每年 8.2 cm 的移动速度,使东部花东纵谷、中央山脉、西部麓山带以及平原区形成一系列的断层。这次地震,让社会各界认识到地震的威力,开始深思防震的重要性,并探讨建筑物的抗震措施。

6. 2008 年汶川地震

2008 年 5 月 12 日,四川省阿坝州汶川县发生里氏 8.0 级地震,此后发生了多次强烈余震。这是中华人民共和国成立以来破坏力最大的地震,也是唐山大地震后伤亡最惨重的地震。汶川地震导致大量房屋倒塌、破坏,同时引起山体滑坡、滚石、道路破坏、堰塞湖等地质灾害和次生灾害,如唐家山堰塞湖是汶川大地震后因山体滑坡、阻塞河道形成的最大堰塞湖;同时造成大量人员伤亡、财产损失,居民无家可归,学生无法正常上课。此次地震震感波及全国绝大部分地区乃至国外,影响范围包括震中 50 km 范围内的县城和 200 km 范围内的大中城市,造成近 9 万人遇难或失踪,受伤人数达 37 万,4 600 万人口受到严重影响。

本次地震发生在青藏高原东侧边缘的龙门山断裂带上,发震构造为龙门山中央断层带,在挤压应力作用下,由南向北东逆冲运动,为逆冲、右旋、挤压型断层地震,发震方式特殊,断裂带最大垂直位移达 9 m,地震强烈波动时间 100 秒,为千年不遇的特大地震。汶川地震具有震级大、烈度高(震中烈度 11 度)、震源深度浅(约 14 km)、破裂长度长(达 240 km)等特点,震害面积高达 440 000 km²,远比唐山地震大得多。

汶川地震造成的直接经济损失约 8 452 亿元人民币,主要分为三类,第一类是人员伤亡,第二类是财产损失,第三类是对自然环境的破坏,这也是最近国人印象极为深刻的一次地震。自 2009 年起,每年 5 月 12 日被定为全国防灾减灾日,这有利于唤起社会各界对防灾减灾工作的高度关注,有利于增强全社会的防灾减灾意识,有利于推动全民防灾减灾知识和避灾自救技能的普及推广,有利于提高各级综合减灾的能力。汶川地震发生以后,与抗震相关的规范及规程再次修订,我国政府根据实际调查的震害资料提高了抗震设防要求,以适应社会经济发展的需求。

7. 2011 年玉树地震

2011 年 4 月 14 日上午 7 时 49 分,青海省玉树藏族自治州玉树市发生两次地震,最高震级为里氏 7.1 级,地震震中位于县城附近,震源深度达 14 km,属于特大浅表地震。玉树地震造成 2 698 人遇难,270 人失踪,12 000 多人受伤。居民住房大量倒塌,学校、医院等公共服务设施严重损毁,部分公路沉陷、桥梁坍塌,供电、供水、通信设施遭到破坏。农牧业生产设施受损,牲畜大量死亡,商贸、旅游、金融、加工企业损失严重。山体滑坡崩塌,生态环境受到严重威胁。玉树地震波及范围主要涉及青海玉树和四川甘孜两个自治州,受灾面积 35 862 km²,受灾人口 246 842 人。此次地震引起了党和国家的高度重视,继汶川地震举行全国哀悼活动后,于 2011 年 4 月 21 日再次举行全国哀悼活动。

8. 2013 年雅安地震

2013 年 4 月 20 日 8 时 02 分,四川省雅安市芦山县发生里氏 7.0 级地震,震源深度 13 km,震中烈度 9 度,震中距成都约 100 km。成都、重庆及陕西等地均有较强震感。受灾人口 152 万,受灾范围约 18 682 km²;死亡 200 余人,受伤 1 万多人,震害总体不算很严重。芦山县位于龙门山前缘构造带南段,地震构造仍为龙门山断裂带,其破裂特征与汶川地震非常相似,但不是汶川地震的余震。这次地震的发生,为 2008 年汶川地震发生以后所实施已有建筑抗震加固和新建建筑抗震设计提供了一次真实的工程检验机会。

1.2 地震成因与类型

1.2.1 地球构造

地球是一个近似于球体的椭球体,平均半径约为 6 370 km,赤道半径约为 6 378 km,两极半径约为 6 357 km。从物质成分和构造特征来划分,地球可分为三大部分:地壳、地幔和地核,地球分层结构及地壳剖面如图 1-1 所示。

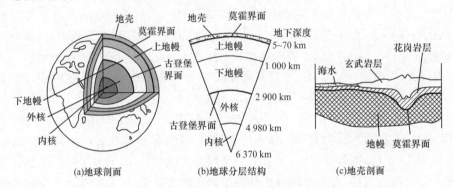

图 1-1 地球分层结构及地壳剖面

1. 地壳

地壳是地球外表面的一层很薄的外壳,它由各种不均匀的岩石组成。地壳表面为沉积层,陆地下面主要有花岗岩层和玄武岩层,海洋下面的地壳一般只有玄武岩层。地壳的下界称为莫霍界面,是一个地震波传播速度发生急剧变化的不连续面。地壳的厚度在全球变化很大,各处厚薄相差也很大,最厚处约 70 km,最薄处约 5 km。

2. 地幔

地壳以下到深度约 2 900 km 的古登堡界面为止的部分称为地幔,约占地球体积的 5/6,也是地球内部质量最大的部分。地幔主要由质地坚硬的橄榄岩组成,这种物质具有黏弹性。地幔上部存在一个厚度约几千米的软流层,可能是岩浆的发源地。由于温度和压力分布不均匀,因此发生了地幔内部的物质对流运动。

3. 地核

地幔下部,即古登堡界面以下直到地心的部分为地核,平均厚度约 3 400 km。地核又可分为外核和内核,其主要构成物质是镍和铁,温度高达 4 000~5 000 ℃,地核中心处的内压力可达 36 000 MPa。据推测,外核可能是液态,内核可能是固态。

1.2.2 地震术语及类型

1. 地震术语

震源,即地震波从地球内发出的最初部位,一般是地球内发生岩层断裂、错动的地方。

地震的发生是与地质上的活动断裂带相联系的,震源是有一定范围的,有时甚至是很大的范围,前面所述的大地震均有此特点,但地震学里常常把它当作一个点来处理,这是因为地震学所考虑的是大范围的问题,震源相对来说很小,一般可以看作一个点。震源在地表的投影叫震中,地面某处距震中的距离即为震中距。震源至地面的垂直距离叫震源深度。震中区或极震区,是指震中附近的区域,一般为地面振动程度最厉害、破坏最严重的区域;将地面破坏程度相近的点连成曲线,就是等震线,等震线是规则的,理想的同心圆,由于地形地貌的差异、地面建筑等的影响,等震线多为不规则的封闭曲线。震源、震中、震源深度及震中距等术语的含义如图1-2所示。

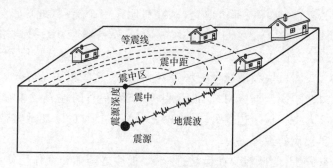

图1-2 地震术语图示

通常把震源深度在60 km以内的地震称为浅源地震,在60～300 km的称为中源地震,在300 km以上的称为深源地震。世界上大部分地震是浅源地震,震源深度多集中在5～20 km,中源地震比较少,而深源地震为数更少。一般来说,对于同样大小的地震,当震源较浅时,波及范围较小,而破坏程度较大;当震源深度较大时,波及范围则较大,而破坏程度相对较小,深度超过100 km的地震在地面上不致引发灾害。

2. 地震类型

地震是指地球内某处因地球构造运动导致岩层突然破裂(构造地震,约占全球地震发生总数的90%),或因局部岩层塌陷(塌陷地震)、火山爆发(火山地震)、其他原因(水库、核爆炸)等发生了振动,并以波的形式传到地表引起地面的颠簸和摇晃。

构造地震是由于地应力在某一地区逐渐增大,岩石变形也不断增加,当地应力超过岩石的极限强度时,在岩石的薄弱处突然发生断裂和错动,部分应变能突然释放,引起振动,其中一部分能量以波的形式传到地面,就产生了地震,构造地震发生断裂错动的地方所形成的断层叫地震断层,地震断层包括正断层、逆断层、横向断层等,如图1-3所示。

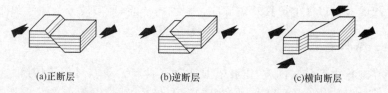

(a)正断层   (b)逆断层   (c)横向断层

图1-3 地震断层的种类

每次大地震的发生都不是孤立的,大地震前后在震源附近总有与其相关的一系列小地震发生,把它们按发生时间的先后顺序排列起来,就叫地震序列。根据地震能量分布、主震震级和余震震级等,可划分为三种:一是主震-余震型地震,主震突出,除1960年智利地震外前文提及的国内外大地震均属于此类,约占地震总数的60%;二是震群型地震,也称多发型地震,如1960年智利地震,约占地震总数的30%;三是单发型地震,约占地震总数的10%。

1.2.3 地震成因

这里主要介绍构造地震的成因。对于构造地震,可以从宏观背景和局部机制两个层次进行解释。

从宏观背景上考察,地球内部由地壳、地幔和地核三个圈层,地球最外层由一些巨大的板块组成,板块深度为70~100千米,地幔物质对流,导致板块缓慢地相互移动,板块的构造运动正是构造地震产生的根本原因。全球岩石圈可分为亚欧板块、太平洋板块、印度洋板块、美洲板块、非洲板块和南极洲板块等六大板块,这些板块又可分成若干小板块,详细内容可见板块构造学说。据资料统计,全世界85%左右的地震发生在板块边缘,环太平洋地震带就位于太平洋板块边界处,沿地中海—喜马拉雅的欧亚地震带则在亚欧板块、非洲板块和印度洋板块的边界处。

从局部机制来分析,地球板块在运动过程中,板块之间的相互作用使地壳中的岩层发生变形,当这种变形积聚到超过岩石所能承受的程度,该处岩体就会发生突然断裂或错动,从而引发地震。构造地震断层变化如图1-4所示,这就是里德(Reid)所提出的弹性回跳假说的要点。

(a)岩石原始状态　　(b)岩石受力后发生变形　　(c)岩石断裂产生振动(回跳)

图1-4　构造地震断层变化

1.3　地震波及其传播

地震引起的振动以波的形式从震源向各个方向传播,地震波分为体波和面波。

1.3.1 体波

体波为在地球内部传播的波,体波根据其介质质点振动方向和波传播方向的不同分为纵波和横波。纵波的介质质点振动的方向和波传播的方向相同,是从震源向四周传播的压缩波。纵波一般周期较短,波速较快,振幅较小,在地面上引起上下颠簸波动。纵波由于波速较快,在地震发生时往往最先到达,一般也称为初波、P波(Primary Wave)、压缩波或拉压波。横波的介质质点振动的方向和波传播的方向垂直,是从震源向四周传播的剪切波。横波一般周期较长、波速较慢、振幅较大，引起地面水平方向的运动。横波由于波速较慢，在地震发生时到达的时间比纵波慢，因此横波也称为次波、S 波（Secondary Wave）或剪切波等。体波质点振动如图 1-5 所示。

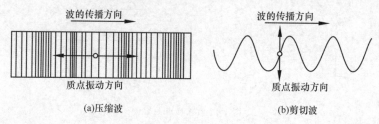

图 1-5 体波质点振动

根据弹性动力学，纵波波速 v_P、横波波速 v_S 表示式如下：

$$v_P = \sqrt{\frac{E(1-\gamma)}{\rho(1+\gamma)(1-2\gamma)}} = \sqrt{\frac{\lambda + 2G}{\rho}} \tag{1-1}$$

$$v_S = \sqrt{\frac{E}{2\rho(1+\gamma)}} = \sqrt{\frac{G}{\rho}} \tag{1-2}$$

式中 　E——介质弹性模量；

　　　ρ——介质密度；

　　　γ——泊松比；

　　　G——介质剪切模量，$G = \dfrac{E}{2(1+\gamma)}$；

　　　λ——拉梅常数，$\lambda = \dfrac{\gamma E}{(1+\gamma)(1-2\gamma)}$。

可得

$$\frac{v_P}{v_S} = \sqrt{\frac{2(1-\gamma)}{1-2\gamma}} \tag{1-3}$$

式(1-3)大于 1，因此纵波比横波先到达，例如，当 $\gamma = 0.25$ 时，$v_P = \sqrt{3}\, v_S$。因此，纵波传播速度比横波传播速度要快，在仪器观测到的地震记录图上，可见纵波先于横波到达。

通过式(1-1)、式(1-2)及式(1-3)，不仅可以得到两种体波的传播速度和它们之间的关系，还可以得到介质的一些弹性参数。在 (E, G)、(γ, λ)、(v_P, v_S) 这三组参数中，若已知其中一组，则可以求得其他两组参数，这些参数在地震工程的研究与应用中是非常重要的。

1.3.2 面波

当体波经过地层界面的多次反射和折射后投射到地面时，会激起沿地表传播的次生波，这就是面波。面波主要分为瑞雷（Rayleigh）波和乐夫（Love）波。

瑞雷波传播时，介质质点在波的前进方向与地表法向组成的平面内做椭圆运动；乐夫波传播时，介质质点在与波的前进方向垂直的水平方向运动，在地面上表现为蛇形运动。面波质点振动如图 1-6 所示。面波是经过地层界面的多次反射、折射形成的次生波，其周期长、振幅大、衰减慢,在地震发生时往往最后到达。

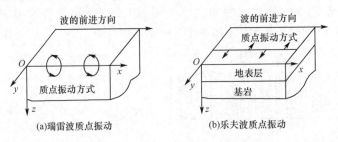

(a)瑞雷波质点振动　　　　　(b)乐夫波质点振动

图 1-6　面波质点振动

1.3.3　地震记录的三要素

纵波使建筑物产生上下颠簸,横波使建筑物产生水平方向的摇晃,而面波使建筑物既产生上下颠动也产生水平摇动。地震波的传播以纵波最快,横波次之,面波最慢。在地震记录上,纵波最先到达,横波到达较迟,面波在体波之后到达,一般当横波或面波到达时,地面振动最强烈。根据纵波、横波和面波传播速度的不同,可以大致确定震源的距离,即地震记录是确定地震发生的时间、震级和震源位置的重要依据,也是研究在地震作用下工程结构实际反应的重要资料。

图 1-7 所示为 1989 年 Loma Prieta 地震的典型强震记录,图 1-7(a)所示为地面加速度记录,峰值为 155.8 cm/s²,图 1-7(b)所示为该记录的起始段,可大致区分纵波、横波和面波的到达时间。

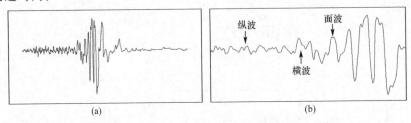

图 1-7　1989 年 Loma Prieta 地震的典型强震记录

由震源释放出来的地震波传到地面后引起地面运动,这种地面运动可以用地面上质点的加速度、速度或位移的时间函数来表示,用地震仪记录到的这些物理量的时程曲线习惯上又称为地震加速度波形、速度波形和位移波形。常用的是地震加速度波形,习惯称为地震地面加速度记录,简称为地震记录,其三要素包括最大幅值(或峰值)、频谱特性和持续时间。

1.最大幅值

最大幅值是描述地震地面运动强烈程度的最直观的参数。在抗震设计中对结构进行时程反应分析时,一般要给出输入的最大幅值;同时,在设计用反应谱中,地震影响系数的最大值也与地面运动最大幅值有直接的关系。

2.频谱特性

对时域的地震加速度波形进行变换,就可以了解其频谱特性,一般可以用傅立叶(Fourier)谱、功率谱和反应谱等表示。图 1-8 是根据 1940 年 El Centro 地震记录求得的功率谱和

1989 年 Loma Prieta 地震记录,输入加速度的峰值均调整为 100 cm/s², 功率谱是采用 ORIGIN 软件提供的平均幅值平方(Mean Squared Amplitude)方法求得的。

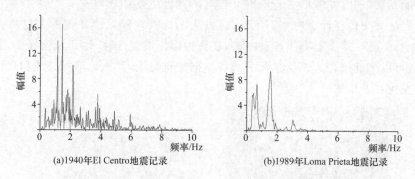

图 1-8 不同强震记录的功率谱图

1940 年 El Centro 地震记录和 1989 年 Loma Prieta 地震记录所对应的地震震级均为里氏 7.1 级,但功率谱曲线有很大不同:一是峰值及其对应的频率有差异,1940 年 El Centro 地震记录的功率谱曲线更偏向高频一些;二是曲线的形状有差异,1989 年 Loma Prieta 地震记录中的能量分布更加集中一些,这些反映出地震传播过程中各介质的特性,主要是所在场地土的特性。利用这一概念,在设计结构物时,就可以根据地基土的软硬情况采取刚柔不同的体系,以减少地震引起结构共振的可能性。

3.持续时间

持续时间简称持时,其对结构震害的影响可以从地震动造成的积累破坏来认识。事实上,强震持续时间是反应累积破坏效应的参数,即同样强度下循环次数越多,越容易产生破坏。在结构已发生开裂时,连续振动的时间越长,则结构倒塌的可能性就越大。虽然地震动持时的重要性已为大多数人所了解,但长期以来尚没有一个统一的定义,目前有关持时的定义大多数可分为两类,一类是用绝对值定义的,而另一类是用相对值定义的。

目前,地震地面运动的持续时间成为专业人员研究结构物抗倒塌性能的一个重要参数,在进行大震下结构弹塑性时程分析时,一般都需要给出输入加速度波形的持续时间。

1.4 地震仪器观测与震级

对地震的认识来源于对地震的观测,包括地震动数据的测定、震害考察与统计分析等,现在的科技发展也为模拟地震发生过程提供了最新的研究手段,包括数值模拟、试验模拟等。其中地震观测是获取地震感性知识和地震动数据的最有效手段,为抗震分析与设计、抗震研究提供基础数据,是认识地震规律的最直接手段。

世界上最早的地震仪是我国东汉科学家张衡创制的候风地动仪,《后汉书选》对此已有记载。候风地动仪以精铜铸造而成,圆径达八尺,外形像个酒樽,机关装在樽内,如图 1-9 所示,外面在东、西、南、北、东北、东南、西南和西北八个方位各设置一条龙,每条龙嘴里含有一个铜丸,地上对准龙嘴各蹲着一个铜蛤蟆昂头张口。当任何一个方位发生较强的地震时,传来的地震波会使樽内相应的机关发生变动,从而触动龙头的杠杆,使处在那个方位的龙嘴张开,龙嘴里含着的铜丸自然落到地上的蛤蟆嘴里,发出"当当"的响声,这样观测人员就知道在什么时间、什么方位发生了地震。候风地动仪的关键机构是一根称为都柱的倒立摆,其重心高于摆动中心,在受地震横波袭击时,由于惯性作用,它将倒向震源方向,可以准确报告人无法察觉的地震。据史料记载,候风地动仪曾成功地记录了公元 138 年发生在甘肃的一次强烈地震。

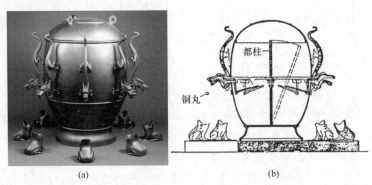

(a)   (b)

图 1-9　候风地动仪

1.4.1　地震波仪器观测

地震观测可以分为弱震观测和强震观测两类,地震观测仪器也分为两大类。弱震观测主要是研究震源和传播规律,以观测世界性地震或弱震为主,候风地动仪即属于此类地震观测仪器,一般采用连续运转方式记录位移。强震观测则是以研究测点处的地震动和结构反应为目的,以观测对结构有显著影响乃至破坏的地震动为主,属于近场地震的范畴,一般采用自动触发运转方式记录加速度。强震观测始于 1932 年的美国,目前已有上万条记录,所获取的强震记录为工程抗震所关注。

强震仪一般多采用加速度仪,测量地表附近的地震加速度,一般包括拾振器(传感器)、放大器和记录装置三个部分,其中拾振器是一个具有一定周期和阻尼的单自由度振动子。采用加速度观测的主要原因是,容易和地震惯性力联系起来,这种仪器较速度、位移的测量仪器更容易得到,多采用压电类的传感器,受环境影响较小。

在工程实践中,一般多采用布置台阵的方法实施地震观测,根据测试目的不同大致分为地震动衰减台阵、区域性地震台阵、断层地震台阵、结构反应地震台阵和地下地震动台阵等。地震动衰减台阵,主要观测地震动沿断层或震中距衰减的规律;区域性地震台阵,主要观测某地区的地震资料,包括场地、地形等的影响;断层地震台阵,主要观测震中区的地震动特性;结构反应地震台阵,主要用于了解结构物在强震作用下的反应特性;地下地震动台阵,主要研究地表下一定深度内的地震加速度变化规律。

只有在强震发生时强震仪才自动启动,强震完成后自动停止。对于一般强震而言,良好的地震记录是在 P 波开始部分启动仪器,这样可以记录到 P 波的最大振幅和完整的 S 波及面波。可见,强震观测中需要确定"强"的定量指标,一般可以是与具体地震动时间过程无关的确定值,也可以依据能量函数确定。

强震记录为抗震理论提供了必要的、真实的强震输入数据,推动了随机振动理论的发展。但强震记录一般存在丢头现象,因而在取得原始加速度记录后,需要进行记录零线和时标等的预处理,以保证有完整的振动波形;加速度仪的长周期记录的能力不足,高频成分相对较多,需要结合速度、位移等方面的数据以及震源、传播途径和局部场地等因素加以综合研判;此外,目前加速度仪对于极大加速度的记录能力不足,也影响了工程应用范围。

1.4.2 地震震级的确定

1. 里氏震级

地震震级是描述地震大小的参数。1935 年,美国地震学家里希特(Richter)首先提出了震级的概念,采用标准地震仪(周期为 0.8 s、阻尼系数为 0.8、放大倍数为 2 800)在距离震中 100 km 处记录到的以微米为单位的最大水平地面位移 A 的常用对数值来表示震级的大小,即

$$M = \log A \tag{1-4}$$

式中 M——地震震级,通常称为里氏震级;

A——由记录到的地震曲线图上得到的最大振幅。

这种分级方式最初是在美国南加州当地采用,现在全世界都使用这种分级方式,一般也称为里氏震级。实际上,地震时距离震中约 100 km 处不一定正好有地震台站,而且即使有地震台站也不一定有标准地震仪,因此一般需要按照修正公式确定震级。

2. 我国采用的震级

对于震中距小于 1 000 km 的近震,我国定义的近震震级 M_L 为

$$M_L = \log A_p + R(\Delta) \tag{1-5}$$

式中 A_p——近震记录的最大地动位移,μm;

$R(\Delta)$——起算函数,随震中距 Δ 而变,且因记录仪器不同也略有不同。

对于震中距大于 1 000 km 的远震,则采用面波震级及体波震级定义。我国采用的面波震级 M_S 为

$$M_S = \log \frac{A}{T} + \sigma(\Delta) + C \tag{1-6}$$

式中 A——面波最大地动位移,μm,取两水平向分量的矢量和;

T——对应于 A 的周期;

$\sigma(\Delta)$——与震中距 Δ 有关的起算函数;

C——台站校正值。

由于随着震源深度的加大,面波迅速减弱,故深源地震时难以用面波测定震级,可使用体波定义。对于体波震级 M_B,目前我国仍采用古登堡和里希特的方法,即

$$M_B = \log \frac{A}{T} + Q + S \tag{1-7}$$

式中 A——地震体波波组的最大振幅,μm,取两水平向分量的矢量和;

T——对应于 A 的周期;

Q——体波起算函数；

S——台站校正值。

震级用来表征某一次地震本身强度的大小，理论上，根据不同台站记录得到的近震震级、面波震级、体波震级应该一致，但实际观测结果表明各种震级间有系统偏差。即使用同一台站的不同记录或不同地震波记录所做的测定，也存在一定误差范围，目前一般的计算误差为 0.2～0.3 级。中国地震部门一般采用面波震级上报。

3. 震级分类

地震震级是地震的基本参数之一，是表征地震大小或强弱的指标，也是地震预报和其他有关地震工程学研究中的一个重要参数。震级直接与震源释放的能量的多少有关，即

$$\log E = 11.8 + 1.5M \tag{1-8}$$

式中　E——地震能量，J。

据此可以估计，1 级地震所释放的能量约为 2×10^6 J，6 级地震大致相当于一个 2 万吨原子弹爆炸所释放的能量。震级相差一级，地震仪的振幅相差 10 倍，能量相差约 32 倍。

一般来说，小于 2 级的地震称为微震，人们感觉不到，只有仪器才能记录下来；2～4 级地震称为有感地震，人能感觉到；5 级以上地震就要引起不同程度的破坏，统称为破坏性地震；7 级以上地震一般称为强烈地震，也俗称大地震。

1.5　地震烈度与典型房屋震害

1.5.1　地震烈度

1. 基本概念

地震烈度是对地震影响程度的描述，从宏观的地震影响、破坏现象和地震动大小等方面进行综合评价，包括人的感觉、器物的反应、房屋为主的工程结构破坏和地面现象的改观（如地形、地质、水文条件的变化等）等。地震烈度反映了一次地震中某地区内地震动多种因素综合强度的总平均水平，是地震破坏作用的一个总评价。

地震震级和地震烈度是完全不同的两个概念。地震震级表示一次地震释放能量的大小，地震烈度则是经受一次地震时一定地区内地震影响强弱程度的总评价。一次地震只有一个震级，然而烈度则随地而异，有不同的烈度。

在缺少定量描述地震动强弱的仪器和手段以前，描述震害大小和地震动强弱主要依靠宏观观察，可以根据过去的历史地震震害描述、估算和记载历史地震的烈度分布，可见烈度这个概念被赋予震害大小和地震动强弱的双重内涵，这两者之间并不存在明确的物理关系，地震动强弱是影响震害的因素之一，抗震性能存在差异的房屋破坏程度也是不同的。这就是说，烈度并不是一个十分严格的物理概念，主要表现在：

（1）地震烈度具有模糊性，地震烈度对人的感觉、器物响应、建筑破坏和地面破坏等的描述是定性的和模糊的，描述房屋破坏程度的技术术语也不完全有明确的定量指标，同时

和调查人员有很大关系。

（2）地震烈度评定具有平均性和综合性，即其评定原则综合考虑了不同的现象，一旦这些指标出现交叉现象，就会导致判定结果的不同；所用指标如震害指数、地面运动参数等都是采用加权平均的方法，抽样样本的代表性需要引起足够的重视。

（3）地震烈度判定具有主观性，这是和震害调查人员的专业知识水平密切相关的，和评定者的经验积累程度以及专业素养的高低有很大关系。

（4）一般在震后调查完成以后，还需要对地震烈度进行调整，调整主要考虑的因素包括是否包含较高楼房情况、设防情况及设防烈度、建筑施工质量、所统计的房屋面积、自由场的地震记录（如加速度、速度）等。

2. 地震烈度的衰减

随着震中距的增大，地震波的能量逐渐被吸收，地震烈度随震中距的增大而衰减，大致呈现由近至远逐步衰减的规律，实际宏观调查得到的等震线图大多为圆形等震线或椭圆形等震线，地震烈度衰减如图 1-10 所示。但其中会存在烈度异常区域，一般往往是场地影响的结果，如软土盆地、滨海软土区等。

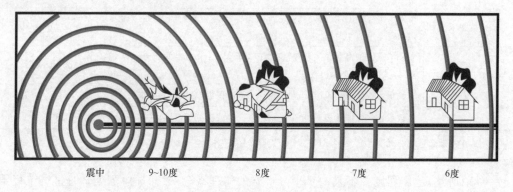

震中　　9~10度　　8度　　7度　　6度

图 1-10　地震烈度衰减

对于中浅源地震，地震震级与震中烈度之间存在大致的对照关系，见表 1-2。根据宏观资料得到震级 M、震中烈度 I_0 之间的经验公式为

$$M = \frac{2}{3}I_0 + 1 \tag{1-9}$$

表 1-2　　　　　　　　　　　地震震级与震中烈度的大致关系

地震震级	2	3	4	5	6	7	8	8以上
震中烈度	1~2	3	4~5	6~7	7~8	9~10	11	12

3. 地震烈度的应用

地震烈度可应用于多个方面。例如，烈度简明直观地反映了地震的影响及破坏程度、范围和分布，其评定结果有助于政府迅速掌握灾情，开展应急救灾的部署与行动，在缺乏足够的强地震动观测资料情况下，可以借助地震烈度来快速衡量地震动强弱；再如，中国有很长时间的历史地震记载，可以用震害的宏观描述来估计烈度分布，推测历史地震的震级，了解和研究地震活动性，从而用于地震危险性分析等地震学及其相关的研究；又如，根据等震线可以大致估计某地区的地震波衰减特征，通过长轴方向可以判断发震断层的走

向或断层、破裂传播方向,进而进行发震机制和地震动的模拟研究。

1.5.2 地震烈度表

地震烈度评定可综合运用宏观调查和仪器测定的多指标方法,多以宏观判断为主,宏观调查的内容包括房屋震害、人的感觉、器物反应、生命线工程震害和其他震害现象。房屋破坏等级的判定分为基本完好、轻微破坏、中等破坏、严重破坏和毁灭等五类,房屋破坏等级所对应的涵义和震害指数范围见表1-3,震害指数的范围为0~1,0表示"完好",1表示"全毁"。震害程度的量化,应计算平均震害指数,平均震害指数可以在调查区域内用普查或随机抽样的方法确定,在农村可按自然村为调查区域单位,在城镇可按街区为调查区域单位,面积一般以 1 km² 左右为宜。

表 1-3　　　　　　　　　房屋破坏等级

破坏等级	涵义	震害指数范围
基本完好	承重和非承重构件完好,或个别非承重构件轻微损坏,不加修理可继续使用	0~0.10
轻微破坏	个别承重构件出现可见裂缝,非承重构件有明显裂缝,不需要修理或稍加修理即可继续使用	0.10~0.30
中等破坏	多数承重构件出现轻微裂缝,少数有明显裂缝,个别非承重构件破坏严重,需要一般修理后可使用	0.30~0.55
严重破坏	多数承重构件破坏较严重,非承重构件局部倒塌,房屋修复困难	0.55~0.85
毁灭	多数承重构件严重破坏,房屋结构濒于崩溃或已倒毁,已无修复可能	0.85~1.00

注:表中房屋数量词的范围界定为"个别"为10%以下;"少数"为10%~45%;"多数"为40%~70%;"大多数"为60%~90%;"绝大多数"为80%以上。

如前所述,地震烈度并不是一个十分严格的物理概念,然而地震烈度却是进行工程结构抗震设计的基础数据,即从工程应用角度而言要求地震烈度有比较明确的定量指标,这中间就存在不统一之处。随着科技的进步和社会经济的发展,人们愈加认识到增加烈度定量判定标准的重要性,为此,各国研究人员一直努力在地震烈度的评价指标中加入地震烈度的定量指标,主要包括地面最大加速度、地面最大速度、地震反应谱等标准。在工程方面,较普遍地认为采用加速度作为烈度的标准比较直观,便于与荷载或作用的计算联系起来。近年研究发现,用加速度指标研究震害时可能和地面运动周期相关,而采用速度指标研究震害时可能和地面运动周期无关。

经过长期研究和应用,各国的烈度表的格式与内容渐趋一致,一般以人的感觉、器物反应、房屋为主的工程结构破坏、地表破坏等的影响和破坏强弱程度给出宏观文字描述,烈度表分为整数等级,烈度越高表示破坏越重。国际上通用的修正的麦卡利烈度表(或MM烈度表)见表1-4。在烈度划分中,Ⅰ~Ⅴ度结构基本无破坏,主要根据人的感觉和器物反应评定;Ⅵ~Ⅹ度主要用房屋破坏现象评定,房屋从开裂到倒塌破坏逐级加重,烈度也逐级增加;Ⅺ~Ⅻ度表现为房屋毁坏、山崩地裂,以断层大规模出露为主要标志,为历史罕见。就抗震防灾而言,Ⅵ~Ⅹ度最有意义,因为更低烈度下无结构破坏,一般不会造成灾害,而更高的烈度则超出人类目前的抵御能力。

表 1-4   修正的麦卡利烈度表

烈度	条文内容
Ⅰ	无感
Ⅱ	安静的人或楼上的人有感
Ⅲ	吊物摆动或轻微振动
Ⅳ	振动犹如重型卡车通过,门窗、碗碟作响,静止的汽车摇动
Ⅴ	户外的人有感,睡觉者震醒,小物体坠落,镜框移动
Ⅵ	人人有感,家具移位,玻璃破碎,架上物坠落,房屋抹灰层开裂
Ⅶ	行进的汽车有感,站立者失稳,教堂钟鸣,烟囱与建筑装饰开裂,抹灰层脱落,石墙普遍开裂,土坯房有倒塌
Ⅷ	行进的汽车难以驾驶,树枝断落,饱和土开裂,高架水塔、纪念塔和土坯房毁坏,砖结构、未与基础锚固的房屋构架、灌溉工程和堤坝发生不同程度破坏
Ⅸ	饱和粉砂出现砂坑,滑坡,地裂,无筋砖结构毁坏,不良的钢筋混凝土结构和地下管道发生不同程度破坏
Ⅹ	滑坡与地基损坏普遍,桥梁、隧道和一些钢筋混凝土结构毁坏,许多房屋、堤坝和铁轨发生不同程度破坏
Ⅺ	产生永久的变形
Ⅻ	几乎全毁

　　根据震害调查研究结果,我国颁布了地震烈度表,表 1-5 为 2020 年更新的中国地震烈度表,分为 12 度,考虑了房屋震害、人的感觉、器物反应、生命线工程、其他震害现象、仪器测定的地震烈度等评定指标和合成地震动的最大值(包括加速度、速度及其变化范围),其中,Ⅰ度(1 度)～Ⅴ度(5 度)以人的感觉和器物反应为主,Ⅵ度(6 度)～Ⅹ度(10 度)以房屋震害及其他震害为主要评定依据,同时参照其他评定指标,Ⅺ度(11 度)和Ⅻ度(12度)综合房屋震害和地表震害现象,房屋震害程度分为基本完好、轻微破坏、中等破坏、严重破坏和毁灭等五类,具体含义见表 1-3,其中震害指数可取 0.00、0.20、0.40、0.70 和1.00,沿用了过去的分类方法与计算震害指数时的取值方法。中国地震烈度表与 MM 烈度表基本一致,也与日本、美国等国外的地震烈度表相近。

　　与前一版的中国地震烈度表相比,评定指标更加细化:

　　(1)评定指标,保留了人的感觉和房屋震害两项,将器物反应与其他震害现象分开,单列了桥梁、电力设备和地下供水管道等生命线工程震害,引入了仪器测定的地震烈度。

　　(2)将作为参考指标的水平向地震动参数(峰值加速度、峰值速度)修订为按照一定流程处理后的三分向合成地震动的最大值(加速度、速度),并给出每个烈度所对应的数值。

　　(3)评定烈度的房屋类型由原标准的 3 类增加为 5 类,分别为 A1 类(未经抗震设防的土木、砖木、石木等房屋)、A2 类(穿斗木构架房屋)、B 类(未经抗震设防的砖混结构房屋)、C 类(按照Ⅶ度抗震设防的砖混结构房屋)、D 类(按照Ⅶ度抗震设防的钢筋混凝土框架结构房屋)。对应于Ⅵ度(6 度)～Ⅻ度(12 度),列出了不同类型房屋类型的结构震害系数范围。

表1-5　中国地震烈度表（GB/T 17742—2020）

地震烈度	评定指标							仪器测定的地震烈度 I_1	合成地震动的最大值	
	房屋震害			人的感觉	器物反应	生命线工程震害	其他震害现象		加速度/(m·s^{-2})	速度/(m·s^{-1})
	类型	震害程度	平均震害指数							
I（1）	—	—	—	无感	—	—	—	$1.0 \leqslant I_1 < 1.5$	1.80×10^{-2}（$< 2.57 \times 10^{-2}$）	1.21×10^{-3}（$< 1.77 \times 10^{-3}$）
II（2）	—	—	—	室内个别静止中的人有感觉，个别较高楼层中的人有感觉	—	—	—	$1.5 \leqslant I_1 < 2.5$	3.69×10^{-2}（$2.58 \times 10^{-2} \sim 5.28 \times 10^{-2}$）	2.59×10^{-3}（$1.78 \times 10^{-3} \sim 3.81 \times 10^{-3}$）
III（3）	—	门、窗轻微作响	—	室内少数静止中的人有感觉，少数较高楼层中的人有明显感觉	悬挂物微动	—	—	$2.5 \leqslant I_1 < 3.5$	7.57×10^{-2}（$5.29 \times 10^{-2} \sim 1.08 \times 10^{-1}$）	5.58×10^{-3}（$3.82 \times 10^{-3} \sim 8.19 \times 10^{-3}$）
IV（4）	—	门、窗作响	—	室内多数人，室外少数人有感觉，少数人睡梦中惊醒	悬挂物明显摆动，器皿作响	—	—	$3.5 \leqslant I_1 < 4.5$	1.55×10^{-1}（$1.09 \times 10^{-1} \sim 2.22 \times 10^{-1}$）	1.20×10^{-2}（$8.20 \times 10^{-3} \sim 1.76 \times 10^{-2}$）
V（5）	—	门窗、屋顶、屋架颤动作响，灰土掉落，个别房屋墙体抹灰出现细微裂缝，个别A1类或A2类房屋墙体出现轻微裂缝或原有裂缝扩展，个别屋顶烟囱掉砖、瓦掉落	—	室内绝大多数、室外多数人有感觉，多数人睡梦中惊醒，少数人惊逃户外	悬挂物大幅度晃动，少数架上小物品、个别顶部沉重或放置不稳定器物摇动或翻倒，水晃动并从盛满的容器中溢出	—	—	$4.5 \leqslant I_1 < 5.5$	3.19×10^{-1}（$2.23 \times 10^{-1} \sim 4.56 \times 10^{-1}$）	2.59×10^{-2}（$1.77 \times 10^{-2} \sim 3.80 \times 10^{-2}$）

（续表）

地震烈度	房屋震害		评定指标					仪器测定的地震烈度 I_1	合成地震动的最大值	
	类型	震害程度	平均震害指数	人的感觉	器物反应	生命线工程震害	其他震害现象		加速度/(m·s⁻²)	速度/(m·s⁻¹)
VI(6)	A1	少数轻微破坏和中等破坏，多数基本完好	0.02~0.17	多数人站立不稳，多数人惊逃户外	少数轻家具和物品移动，少数顶部沉重的器物翻倒	个别梁桥挡块破坏，个别拱桥主拱圈出现裂缝及桥台，个别主变压器跳闸；个别老旧支线管道有局部破坏，局部水压下降	河岸和松软土地出现裂缝，饱和砂层出现喷砂冒水；个别独立砖烟囱轻度裂缝	5.5≤I_1<6.5	6.53×10⁻¹ (4.57×10⁻¹~ 9.36×10⁻¹)	5.57×10⁻² (3.81×10⁻²~ 8.17×10⁻²)
	A2	少数轻微破坏和中等破坏，大多数基本完好	0.01~0.13							
	B	少数轻微破坏和中等破坏，大多数基本完好	≤0.11							
	C	少数或个别轻微破坏，绝大多数基本完好	≤0.06							
	D	少数或个别轻微破坏，绝大多数基本完好	≤0.04							
VII(7)	A1	少数严重破坏和毁坏，多数中等破坏和轻微破坏	0.15~0.44	大多数人惊逃户外，骑行的人有感觉，行驶中的汽车驾乘人员有感觉	物品从架子上掉落，多数顶部沉重的器物翻倒，少数家具倾倒	少数梁桥挡块破坏，个别拱桥主拱圈出现明显裂缝和变形以及少数桥台开裂；个别变压器套管破坏，个别瓷柱型高压电气设备破坏；少数支线管道破坏，局部停水	河岸出现塌方，饱和砂层常见喷砂冒水，松软土地裂缝较多；大多数独立砖烟囱中等破坏	6.5≤I_1<7.5	1.35 (9.37×10⁻¹~ 1.94)	1.20×10⁻¹ (8.18×10⁻²~ 1.76×10⁻¹)
	A2	少数中等破坏，多数轻微破坏和基本完好	0.11~0.31							
	B	少数中等破坏，多数轻微破坏和基本完好	0.09~0.27							
	C	少数轻微破坏和中等破坏，多数基本完好	0.05~0.18							
	D	少数轻微破坏和中等破坏，大多数基本完好	0.04~0.16							

（续表）

地震烈度	房屋震害			评定指标					合成地震动的最大值	
	类型	震害程度	平均震害指数	人的感觉	器物反应	生命线工程震害	其他震害现象	仪器测定的地震烈度 I_1	加速度/(m·s^{-2})	速度/(m·s^{-1})
Ⅷ(8)	A1	少数毁坏,多数中等破坏和严重破坏	0.42~0.62			少数梁桥落梁、位移,开裂及多数墩柱开裂破坏,少数拱桥主拱圈开裂严重;少数变电站高压电气设备破坏,个别或少数瓷柱型高压电气设备破坏;多数变电站主干线路破坏,部分分区域停水	干硬土地上出现裂缝,饱和砂层绝大多数喷砂冒水;大多数独立砖烟囱严重破坏	$7.5 \leqslant I_1 < 8.5$	2.79 (1.95~4.01)	2.58×10^{-1} (1.77×10^{-1}~3.78×10^{-1})
	A2	少数严重破坏,多数中等破坏和轻微破坏	0.29~0.46							
	B	少数严重破坏和毁坏,多数中等破坏	0.25~0.50	多数人摇晃颠簸,行走困难	除重家具外,室内物品大多数倾倒或移位					
	C	少数中等破坏和严重破坏,多数轻微破坏和基本完好	0.16~0.35							
	D	少数中等破坏,多数轻微破坏和基本完好	0.14~0.27							
Ⅸ(9)	A1	大多数毁坏和严重破坏	0.60~0.90	行动的人摔倒		个别梁桥墩局部压溃或落梁,个别拱桥垮塌或濒于垮塌;多数变电站高压电气设备破坏,少数变压器移位,少数瓷柱型高压电气设备破坏;各类供水管道破坏、渗漏广泛发生,大范围停水	干硬土地上多处出现裂缝,可见基岩裂缝、错动,滑坡、塌方常见;独立砖烟囱多数倒塌	$8.5 \leqslant I_1 < 9.5$	5.77 (4.02~8.30)	5.55×10^{-1} (3.79×10^{-1}~8.14×10^{-1})
	A2	少数毁坏,多数严重破坏和中等破坏	0.44~0.62							
	B	少数毁坏,多数严重破坏和中等破坏	0.48~0.69		室内物品大多数倾倒或移位					
	C	多数严重破坏和中等破坏,少数轻微破坏	0.33~0.54							
	D	少数严重破坏,多数中等破坏和轻微破坏	0.25~0.48							

（续表）

地震烈度	类型	房屋震害		评定指标				仪器测定的地震烈度 I_1	合成地震动的最大值	
		震害程度	平均震害指数	人的感觉	器物反应	生命线工程震害	其他震害现象		加速度/$(m \cdot s^{-2})$	速度/$(m \cdot s^{-1})$
X (10)	A1	绝大多数毁坏	0.88~1.00	骑自行车的人会摔倒,处于不稳状态的人会摔离地,有抛起感	—	个别梁桥桥墩压溃或折断,少数落梁;少数拱桥垮于;多数变压器移位;绝大多数管断裂漏油,多数瓷柱型高压电气设备破坏;供水管网毁坏,全区域停水	山崩和地震断裂出现;大多数独立砖烟囱从根部破坏或倒毁	$9.5 \leq I_1 < 10.5$	1.19×10^1 $(8.31 \sim 1.72 \times 10^1)$	1.19 $(8.15 \times 10^{-1} \sim 1.75)$
	A2	大多数毁坏	0.60~0.88							
	B	大多数毁坏	0.67~0.91							
	C	大多数严重破坏和毁坏	0.52~0.84							
	D	大多数严重破坏和毁坏	0.46~0.84							
XI (11)	A1		1.00	—	—	—	地震断裂延续很大;大量山崩滑坡	$10.5 \leq I_1 < 11.5$	2.47×10^1 $(1.73 \times 10^1 \sim 3.55 \times 10^1)$	2.57 $(1.76 \sim 3.77)$
	A2		0.86~1.00							
	B	绝大多数毁坏	0.90~1.00							
	C		0.84~1.00							
	D		0.84~1.00							
XII (12)	各类	几乎全部毁坏	1.00	—	—	—	地面剧烈变化,山河改观	$11.5 \leq I_1 < 12.5$	$>3.55 \times 10^1$	>3.77

注1:"—"表示无内容。注2:表中给出的合成地震动的最大值为所对应的仪器测定的地震烈度中值;括号内为变化范围。附录A中公式(A.5)的PGA和公式(A.6)的PGV;括号内为变化范围。加速度和速度数值分别对应《中国地震烈度表 GB/T17742—2020》

1.5.3 抗震设防烈度

抗震设防烈度是指按国家规定的权限批准的,作为一个地区抗震设防依据的地震烈度。与前面所述的地震烈度概念有所不同,抗震设防烈度反映的是在未来一定时间内可能发生的最大地震影响,而非某次地震发生以后对某地区的影响程度,这是为了满足工程抗震设防需求而专门提出的,也是《建筑抗震设计规范(2016年版)》(GB 50011−2010)(在本书中,简称为抗震规范)衡量设计地震作用大小的一个指标,设防烈度增加一度意味着设计地震作用增加一倍。抗震规范采用了《中国地震动参数区划图》作为确定抗震设防烈度的依据,风险水平为50年超越概率10%,以此确定基本烈度,即抗震规范设计基本地震加速度值所对应的烈度值,习惯称为中震,工程抗震设计中一般不直接采用此参数,而是采用多遇地震烈度(或习惯称为小震)、罕遇地震烈度(或习惯称为大震),相应的50年超越概率为63.2%、2%,详细内容见第3章。

地震区划,就是指按地震情况的差异划分出在全国范围内的地震危险性不同的区域,一般通过地震地质、地球物理、地震工程等多学科的综合评价和分析计算,按照工程类型、性质、重要性,科学合理地对可能遭受的地震危险程度做出预测。地震区划工作,是和国家抗震设防需要、当前的科学技术水平等密切相关的,既包括未来地震的发生时间、空间、强度等地震方面的问题,也涉及工程建设政策、工程结构安全性和经济性方面的问题。地震区划图为国家经济建设中地震设防的法规图件,作为国家经济建设和国土利用规划的基础资料、一般工业与民用建筑的地震设防依据、制定减轻和防御地震灾害对策的依据。早期的地震区划图多直接采用地震烈度区划图,现行的中国地震动参数区划图是中华人民共和国成立以来编制的第五代全国性的地震动参数区划图,包括地震动峰值加速度区划图和地震动反应谱特征周期区划图(http://www.gb18306.net/),比例尺为1:400万。抗震设防烈度一般分为6、7、8、9度,其中,7、8度根据地面加速度峰值不同区分为7度($0.10g$)、7度($0.15g$)和8度($0.20g$)、8度($0.30g$),6度、9度的地面运动加速度峰值为$0.05g$、$0.40g$,可见我国79%以上的面积为6度抗震,位于地震区的大、中城市多,见表1-6。反应谱特征周期则反映了不同场地的土层特性,是与场地的土质条件相关的,这也是影响震害程度的重要参数之一。

表1-6　　　　　　　　　　　地震烈度分区情况

地震烈度分区	<6度	6度	7度	8度	≥9度
总面积/(10^4 km²)	201	361	320	68	9.5
所占比例/%	21	38	33	7	1

需要补充的是,对于特殊的、重大的工程结构,某些可能引起严重次生灾害的工程建设和大城市的防灾规划等,则必须进行专门的地震小区划研究工作,考虑区划范围内局部条件变化及其对地震动影响,完成场地地震安全性评价,从而给出较大比例尺的图件,供抗震设防使用。

抗震规范附录A给出了全国各城市或地区的设防烈度,其中重要的城市或地区的设防烈度情况摘录如下:

1. 直辖市

(1) 北京市：主要为 8 度(0.20g)，局部为 7 度(0.15g)。

(2) 天津市：主要为 7 度(0.15g)，局部为 8 度(0.20g)或天津 7 度(0.10g)。

(3) 上海市：主要为 7 度(0.10g)，局部为 6 度(0.05g)。

(4) 重庆市：6 度(0.05g)。

2. 其他重要城市或地区

(1) 8 度(0.30g)区：海口、喀什、台北。

(2) 8 度(0.20g)区：太原、呼和浩特、汕头、昆明、拉萨、西安、兰州、银川、乌鲁木齐。

(3) 7 度(0.15g)区：厦门、郑州、香港。

(4) 7 度(0.10g)区：石家庄、沈阳、大连、长春、南京、宁波、合肥、烟台、广州、深圳、珠海、成都、西宁、澳门。

(5) 6 度(0.05g)区：哈尔滨、无锡、南通、苏州、杭州、福州、南昌、济南、青岛、武汉、长沙、南宁、北海、贵阳。

3. 几次强烈地震发生区域

(1) 唐山、郯城、汶川 8 度(0.20g)。

(2) 海城、玉树 7 度(0.15g)。

(3) 雅安 7 度(0.10g)。

1.5.4 典型房屋震害

地震灾害主要表现在三个方面：地表破坏、建筑物破坏、因地震而引起的各种次生灾害。地震引起的地表破坏一般包括地裂缝、喷砂冒水、滑坡塌方等，比较严重的地裂缝是因地下断层的错动使地面的岩层发生错移形成的。次生灾害是指由地震后引起的火灾、水灾、海啸、逸毒、空气污染等灾害，如 1923 年日本关东 8.1 级大地震后的大火，2004 年12 月 26 日印度尼西亚 8.9 级大地震后的强烈海啸，2011 年 3 月 11 日的日本东北部 9.0级大地震所引发的海啸及其造成的第一核电站核泄漏事故等，这种由于地震引起的次生灾害，有时比地震直接造成的损失还大。地震时各类建筑物的破坏是导致生命财产损失的主要原因，也是工程抗震最为关注的对象，建筑物的地震破坏与建筑物本身的特性密切相关。

图 1-11 为 2008 年汶川地震发生以后的地质震害照片。左图反映出这次地震所引起的强烈地面变形；从右图可见地震后引发的泥石流淹没原北川县城的一个场景，图中所见房屋原为六层住宅，在泥石流这种强烈的次生灾害发生后仅剩房屋上部的三层外露。

图 1-11　2008 年汶川地震发生以后的地质震害照片

汶川地震震中烈度高达 11 度,破坏地区超过 100 000 km²。其中 10 度区面积约 3 144 km²,呈北东向狭长展布,以四川省汶川县映秀镇和北川县县城两个中心呈长条状分布,面积约 2 419 km²;9 度区的面积约 7 738 km²,同样呈北东向狭长展布;8 度、7 度、6 度区域面积约 27 787 km²、84 449 km² 和 314 906 km²。

经过震后调查,汶川地震的震中烈度达Ⅺ度,以汶川县映秀镇和北川县县城为两个中心。Ⅸ度以上地区破坏极其严重,其分布区域紧靠发震断层,沿断层走向成长条形状。汶川 8.0 级地震Ⅵ度区以上面积合计 440 442 km²,其中:

Ⅺ度区:面积约 2 419 km²,以四川省汶川县映秀镇和北川县县城为两个中心呈长条状分布,其中映秀Ⅺ度区沿汶川－都江堰－彭州方向分布,长轴约 66 km,短轴约 20 km,北川Ⅺ度区沿安县－北川－平武方向分布,长轴约 82 km,短轴约 15 km。

Ⅹ度区:面积约 3 144 km²,呈北东向狭长展布,长轴约 224 km,短轴约 28 km,东北端达四川省青川县,西南端达汶川县。

Ⅸ度区:面积约为 7 738 km²,呈北东向狭长展布,长轴约 318 km,短轴约 45 km。东北端达到甘肃省陇南市武都区和陕西省宁强县的交界地带,西南端达到四川省汶川县。

Ⅷ度区:面积约 27 786 km²,呈北东向不规则椭圆形状展布,东南方向受地形影响不规则衰减,长轴约 413 km,短轴约 115 km,西南端至四川省宝兴县与芦山县,东北端达到陕西省略阳县和宁强县。

Ⅶ度区:面积约 84 449 km²,呈北东向不规则椭圆形状展布,东南向受地形影响有不规则衰减,西南端较东北端紧窄,长轴约 566 km,短轴约 267 km,西南端至四川省天全县,东北端达到甘肃省两当县和陕西省凤县,最东部为陕西省南郑县,最西为四川省小金县,最北为甘肃省天水市麦积区,最南端为四川省雅安市雨城区。

Ⅵ度区:面积约 314 906 km²,呈北东向不均匀椭圆形展布,长轴约 936 km,短轴约 596 km,西南端为四川省九龙县、冕宁县和喜得县,东北端为甘肃省镇原县与庆阳市,最东部为陕西省镇安县、最西边为四川省道孚县、最北部达到宁夏回族自治区固原县,最南为四川省雷波县。

汶川地震烈度分布图详见 https://www.cea.gov.cn/cea/xwzx/xydt/5219388/index.html。

图 1-12 所示的两张照片反映了汶川地震的房屋震害情况,左图为未进行抗震设防农房的严重破坏情况,已经出现了倒墙垮架现象;右图反映了相邻两房屋的震害差异,原先建造的房屋出现了局部倒塌的严重破坏,而相邻的住宅在设计中考虑了抗震设防要求,基本无明显可见的震害。由此可见抗震设防的重要性,工程抗震是减轻地震灾害和损失十分有效的措施。

图 1-12　汶川地震的房屋震害情况

以下结合 2008 年汶川地震后所收集的震害调查资料,介绍典型的房屋震害。

1. 砌体结构墙体出现贯穿的斜裂缝或 X 型裂缝

砌体结构墙体出现贯穿的斜裂缝或 X 型裂缝,一般属于主拉应力超过砌体抗拉强度所引起的剪切破坏现象,这种裂缝的宽度一旦超过 1 mm,墙体会出现砂浆震松、墙体压酥、滑移、碎落等现象,直至墙体丧失竖向承载力而导致局部倒塌、压塌。图 1-13 中左侧照片为某小学的教学楼的外承重纵墙的斜裂缝或 X 型裂缝,右侧照片反映了因承重墙体斜裂缝所引起的局部倒塌情况。

图 1-13　墙体斜裂缝或 X 型裂缝

2. 砌体结构的墙体出现水平裂缝

这种震害现象一般出现在靠近楼屋盖的梁板附近的墙体上下两端,沿灰缝出现水平的通缝后引起滑移和错动;同时,在一些承重砖柱上也发现水平裂缝,裂缝基本贯穿,严重时会导致砖柱在裂缝部位错位、墙体压酥。这种裂缝是由水平地震作用所导致的墙体水平剪应力超过其抗剪强度所引起的,属于剪切破坏,地震时的竖向震动较大也是原因之一。典型破坏情况如图 1-14 所示。

图 1-14　墙体或砖柱的水平裂缝

3.局部墙体的破坏

局部墙体出现应力集中导致震害,其中平面凹凸、转角等部位的震害较为严重,如图 1-15 所示。

图 1-15　局部墙体破坏

4.构造缝处的房屋震害

在构造缝处因房屋变形过大而引起相互碰撞导致局部损坏,如图 1-16 所示。

图 1-16　结构碰撞导致局部损坏

5.因钢筋混凝土结构的柱、墙等竖向构件的破坏导致结构失效

图 1-17 与图 1-18 为地震造成的柱端混凝土压碎钢筋外鼓、钢筋混凝土抗震墙在暗柱处的破坏(钢筋屈服、拉断)、柱端产生塑性铰导致房屋倾斜变形而破坏等震害。

图 1-17　钢筋混凝土构件的破坏

图 1-18　钢筋混凝土柱端产生转动引起的房屋倾斜破坏

6. 非结构构件出现了不同程度的破坏

图 1-19 为房屋顶层突出物的破坏、外廊预制混凝土栏杆因连接失效而坠落。

图 1-19　非结构构件的震害

7. 震害调查中发现了因平面、立面不规则所导致房屋震害加重的情况

震害调查中发现了因平面、立面不规则所导致房屋震害加重的情况，图 1-20 与图 1-21 反映了 T 形建筑凸出部分(楼梯间)局部倒塌、立面及平面布置不规则房屋的震害。

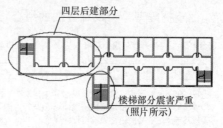

四层后建部分

楼梯部分震害严重
(照片所示)

图 1-20　T 形平面建筑凸出部分(楼梯间)局部倒塌

从上面这些典型的房屋震害可见，建筑结构抗震是经验性很强的学科，建筑结构抗震设计必须注重抗震概念的把握、经验的采取和计算分析。强地震动的特性复杂，具有很强的不确定性，将建筑结构的地震反应控制在弹性范围之内不但面临技术困难，尚涉及经济造价的因素，应注重房屋结构选型，抗震规范设计、施工、监理等行为，增强房屋结构的整体性和抗倒塌性，切实保证人民生命和财产安全。

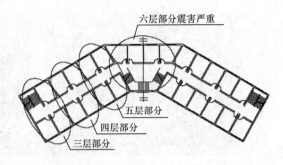

图 1-21　立面及平面布置不规则房屋的震害

1.6　抗震规范的历史沿革

对于灾害抵御的历史总结是文化积淀并传承发展的过程。

历史上的大地震所造成的灾害给人留下了难以磨灭的记忆。减少因倒塌的建筑物或构筑物而导致人员伤亡,这就是总结震害经验得出的抗震设防基本出发点,以现有的科学水平和经济条件为前提,根据现有的震害经验资料和科学研究水平,在逐步发展中不断完善抗震理论和技术,最大限度地限制和减轻建筑物的地震破坏,保障人员安全和减少经济损失。

现在提出的抗震设防目标是小震不坏、中震可修、大震不倒,背后讲的是地震与人的关系,在不同水准的地震作用下,结构能满足(小震下)人的生产需求和(大震下)人的生存要求。抗震规范的历史沿革(图 1-22),反映了对震害规律的总结,体现了抗震理论的发展;抗震规范,注重抗震理论与设计方法的结合,强调抗震技术的工程实用性。

①1964年《地震区建筑抗震设计规范(草案)》
②1974年《工业与民用建筑抗震设计规范(试行)》(TJ 11-74)
③1978年《工业与民用建筑抗震设计规范》(TJ 11-78)
④1989年《建筑抗震设计规范》(GBJ 11-89)
⑤《建筑抗震设计规范》(GB 50011-2001),简称2001规范
⑥2008年汶川地震后进行了局部修订
⑦《建筑抗震设计规范》(GB 50011-2010),另有条文说明
⑧2016年修订,另有条文说明
⑨《建筑与市政工程抗震通用规范》(GB 55002-2021),2022年1月1日实施

图 1-22　抗震规范的历史沿革

1.6.1　初期的《地震区建筑抗震设计规范(草案)》

中华人民共和国成立以后,第一个五年计划从 1953 年开始,当时集中力量进行工业化建设,我国重点工程参照苏联的抗震设防标准和抗震设计规范,1955 年翻译出版了苏

联《地震区建筑规范》。由于考虑抗震问题会导致工程造价明显增加,一般的民用建筑并不考虑抗震设防,未编制专门的抗震技术标准。

1959 年和 1964 年由建设系统、地震局系统科研单位主导,编制了《地震区建筑抗震设计规范(草案)》,征集了设计单位的意见,但未正式颁布。现在很难查到当时的相关资料,从二手资料大致得知主要内容。鉴于中国地震烈度区划图、中国地震烈度表未正式使用,采用若干重要城市的基本烈度作为参考;废弃了苏联经验采用的场地烈度概念,场地影响采用调整反应谱的方法,这种做法早于美国和日本;地震作用计算采用等效静力法与反应谱法。

1.6.2 1974 年《工业与民用建筑抗震设计规范(试行)》(TJ 11-74)

1966 年邢台地震、1967 年河间地震以后,积累了许多震害资料,人们对震害认识程度得到了提高。1974 年推出《工业与民用建筑抗震设计规范(试行)》(TJ 11-74),由国家基本建设委员会建筑科学研究院、四川省建筑工程局建筑科学研究院编写,正文包括总则、场地和地基、地震荷载和结构抗剪强度验算、抗震构造措施等四章。主要内容包括:

(1)明确了设计原则,即遭遇的地震影响相当于设计烈度时,建筑物不致使生命和重要生产设备遭受危害,建筑物不需要修理或经一般修理仍可继续使用。这里提到了基本烈度的概念,基本烈度是指在未来一定时期内可能遭遇的地震影响。

(2)抗震设计要点共七点,简要提到了避免立面、平面的突然变化和不规则形状、保证结构整体性等内容。

(3)地震荷载采用底部剪力法分析。给出了结构影响系数,对应三类场地土给出由三条谱加速度曲线组成的设计反应谱,最长周期定义至 3.5 s。此外,附录一给出了振型地震荷载及内力的一般方法,附录二给出了基本周期的计算方法。

(4)抗震构造措施这一章,涉及砖房及内框架、空旷砖房和单层砖柱厂房、单层钢筋混凝土厂房、多层钢筋混凝土框架、木柱承重房屋、灰土墙承重房屋、砖烟囱及水塔等。

1.6.3 1978 年《工业与民用建筑抗震设计规范》(TJ 11-78)

1974 年海城地震以后,尤其 1976 年唐山地震造成了灾难,伤亡人数巨大,震后收集了大量的震害资料,主要是砌体结构的震害资料,有力地推动了抗震防灾技术的发展。1978 年推出了《工业与民用建筑抗震设计规范》(TJ 11-78),编写单位为国家基本建设委员会建筑科学研究院,包括总则、场地和地基、地震荷载和结构抗剪强度验算、抗震构造措施等,与 TJ 11-74 规范试行版内容基本相同。

(1)设计原则与 TJ 11-74 规范试行版相同。基本烈度的概念,明确为未来一百年内可能遭遇的地震影响;设防烈度划分为7~9度,以基本烈度作为设计烈度(中震)的单水准抗震设防。

(2)抗震设计要点共八点,与TJ 11-74规范试行版的内容基本一样,将避免立面、平面的突然变化和不规则形状等内容单列一点。

(3)将场地划分为抗震有利、不利和危险地段,场地土按岩土性状分为Ⅰ、Ⅱ、Ⅲ三类,与地基基础设计规范一致。

(4)完善了采用反应谱法计算地震荷载的理论,将振型地震荷载及内力的一般方法列入正文。细分结构影响系数,仍对应三类场地土给出设计反应谱,最长周期定义至3.5 s。

(5)在构造措施一章,单列了多层砖房、底层全框架及多层内框架等内容。砌体结构设置构造柱、圈梁,增加结构整体性,这正是基于唐山地震的震害资料得出的重要抗震措施,也被后来的历次地震震害证实为防止结构倒塌的有效手段。

1.6.4　1989年《建筑抗震设计规范》(GBJ 11－89)

这版规范的主编部门是中华人民共和国城乡建设环境保护部,主编单位是中国建筑科学研究院,规范名称做了修改,将工业与民用建筑统一改为建筑,编号为GBJ,成为国家标准系列。分为总则、抗震设计的基本要求、场地、地基和基础、地震作用和结构抗震验算(强度、变形)、多层砌体结构、多层和高层钢筋混凝土房屋、底层框架和多层内框架砖房、单层工业厂房、单层空旷厂房、土、木、石结构、烟囱与水塔等。在涉及结构的各章节,都给出了一般规定、计算要点和抗震构造措施等内容,规范的整个架构延续至今。另外有七个附录,包括钢筋混凝土框架节点、填充墙、抗震墙结构框支层等内容。规范条文说明,单独出版。

该规范与《建筑结构设计统一标准》(GBJ 68－84)相衔接,与概率可靠度的应用联系在一起,改变了以往单一安全系数的做法。在设计思想、适用范围、设防依据、建筑重要性等方面做了较大的改动。

(1)设计思想为,采用"三水准设防目标"即"小震不坏,中震可修,大震不倒",进行"两阶段设计方法",这种做法一直沿用至今。地震作用不再属于荷载范畴,仍以弹性反应谱理论为基础;取消了结构影响系数,改用地震影响系数的概念,场地土由三类变成四类,区分近场与远场,反应谱分为三段,最长周期为3.0 s;地震作用计算,主要采用振型组合,补充了竖向地震作用的内容,增加了(弹性、弹塑性)时程分析的内容;提出了承载力调整系数。

(2)适用范围从7~9度扩大为6~9度,第二章单列抗震设计的基本要求(概念设计),包括地震影响和场地、地基,平面、立面布置,抗震结构体系,非结构构件,材料与施工等五节,抗震概念设计从前一版规范的一条变为单独的一章,这也是基于实际震害经验出发的原则,这些关于抗震设计基本要求的内容也是6度抗震设防的主要内容。

(3)抗震设防依据采用《中国地震烈度区划图》,基本烈度是指未来一段时间内可能遭受的最大地震烈度。小震、大震是相对于基本烈度而言的。

(4)建筑重要性区分为四类,反映出抗震是一个工程学和公共政策的问题,需要考虑经济性的原则。对于甲类建筑,抗震设防问题需要做专门研究,而非笼统提高设防烈度;对于乙类建筑,要求提高抗震措施而不提高地震作用水平,这是基于增加结构整体性和变形能力的考虑;大量的建筑属于丙类建筑,按照设防烈度正常设计;丁类建筑属于次要建筑,可以适当降低抗震措施要求。

(5)在此基础上,上海市颁布了地方标准《建筑抗震设计规程》(DBJ 08-9-92),出台的背景是上海属于软土地基而且高层及超高层建筑有着更多的工程需求,其中一个典型工程是东方明珠电视塔。这本规程提出了相应于上海地区 IV 类场地的地震影响曲线,给出了阻尼比 0.05 及 0.02 的情况,自振周期延长到 10 s,并给出了人工模拟地震地面加速度曲线的建议。

1.6.5 2001 年《建筑抗震设计规范》(GBJ 50011-2001)

2001 版的规范与 1989 版的规范相比,增加了不少内容,删除了粉煤灰砌体、中型砌块房屋、单排柱内框架、烟囱和水塔等内容,共 13 章,11 个附录。2008 年汶川地震后,根据震害情况进行了局部修订,涉及 31 条,如灾区烈度的调整、概念设计条款的修订等。

(1)抗震设防依据与地震动参数区划图一致,结构地震作用细化。

(2)场地类别划分引入了剪切波速和场地覆盖层厚度,并给出了岩土勘察和基础抗震设计要求。

(3)在地震作用和抗震验算方法上做了改进,反应谱的周期范围延长到 6 s,分为上升段、平台段、指数下降段和倾斜下降段,给出了阻尼比的调整系数,从特征周期、最小地震作用、偶然偏心和双向地震作用等四个方面对地震作用进行控制,总体上提高了地震作用。引入了静力非线性方法计算和分析地震作用下的结构弹塑性反应。

(4)给出了一些抗震概念设计规定的定量化指标,主要是在不规则性方面的定量指标,提出了处理原则,抗震结构体系选择时要考虑地震动性质对结构地震反应的影响、多道抗震防线、避免竖向强度与刚度突变等。在钢筋混凝土结构、钢结构方面细化了相关设计规定的内容,增加的内容较多。

(5)首次增加了隔震与消能减震设计的内容,从设计目标、计算分析要点、构造措施方面给出了规定。

(6)针对上海特点和工程实践,上海市工程建设规范《建筑抗震设计规程》(DGJ 08-9-2003,J 10284-2003)随后颁布。对设计反应谱做了校核,以适应上海地区 IV 类场地土的情况;并给出了两条人工波和调整的两条实际波;规则性的判断给出了比较明确的指标;结构变形验算和位移比控制的要求细化;增加了无梁楼盖和错层结构的相关内容。

1.6.6　2010年《建筑抗震设计规范》(GBJ 50011—2010)

这版规范主要增加了抗震新技术方面的内容,引进了基于性能的抗震设计思想,于2011年正式生效。现行的是2016年修订版,在规范条文和条文说明方面做了一定的调整,增加了地下建筑的内容。

(1)补充了7度(0.15 g)和8度(0.30 g)的内容,按照《中国地震动参数区划图》调整了设计地震分组。

(2)调整了反应谱曲线的阻尼调整参数、钢结构阻尼比、承载力调整系数、隔震结构的水平向减震系数等。

(3)提出了钢结构房屋抗震等级,并给出了相应的抗震措施。

(4)新增加了建筑抗震性能化设计原则,强调按照完好、基本完好、轻微损坏、中等破坏、接近严重破坏等,立足于承载力和变形能力的综合考虑进行"个性"设计,并在附录中予以说明,与《建筑工程抗震性态设计通则(试用)》(CECS160:2004)相协调。

(5)上海市工程建设规范《建筑抗震设计规程》(DGJ 08—9—2013,J 10284—2013),共14章、11个附录,附录给了14条地震波时程。与国家标准有四点不同,第一,抗震设计反应谱和地震动参数有所不同,包括特征周期(多遇地震、罕遇地震)、设计反应谱下降段的适用周期范围、罕遇地震时程分析所用的加速度时程最大值等;第二,明确了抗震性能水准和性能目标的划分依据,给出了相应的最大层间位移角限值;第三,细化了平面不规则性的判定;第四,增加了预制混凝土结构、地下建筑部分的内容。

本章小结

地震是地球内部缓慢积累的能量突然释放而引起的地球表层的振动,强烈地震是对人类构成严重威胁的一种突发自然灾害,工程抗震主要关心的是构造地震,多为浅源地震。我国受到环太平洋地震带和沿地中海—喜马拉雅的欧亚地震带这两条地震带的影响,地震活动分布范围广。

地震波的传播以纵波最快,横波次之,面波最慢。纵波使建筑物产生上下颠簸,横波使建筑物产生水平方向的摇晃,而面波使建筑物既产生上下颠动也产生水平摇动,一般在横波和面波都到达时振动最为剧烈。地震波一般以加速度形式记录,地震记录的三要素为最大幅值、频谱特性和持续时间。

地震震级是描述地震大小的参数,可根据地震仪测得的地面位移的对数值来确定,一般情况下,震级相差一级,能量相差约32倍。地震烈度是对地震影响程度的描述,从宏观的地震影响、破坏现象和地震动大小等方面进行综合评价,包括人的感觉、器物的反应、房屋为主的工程结构破坏和地面现象的改观等,反映了一次地震中某地区内地震动多种因素综合强度的总平均水平,我国目前区分为12度。

　　抗震设防烈度是为了适应抗震设防要求而提出的一个基本概念,是指采用概率方法预测某地区在未来一定时间内可能发生的最大地震影响,这是进行抗震设防的依据。在我国,抗震设防烈度是根据国家颁布的地震区划图确定的,一般分为6、7、8、9度。设防烈度增加一度,设计地震作用增加一倍。

　　地震灾害主要表现在三个方面:地表破坏、建筑物破坏、因地震而引起的各种次生灾害。地震主要以地面加速度的方式作用于结构进而产生损伤、破坏乃至倒塌等不同程度的震害,既包括结构承重构件的震害,也包括非结构构件的震害,应从抗震概念的把握、经验的采取和计算分析等方面着手抗震设计工作。

思考题

　　1.什么是地震波? 地震波包含了哪几种波?

　　2.地震按其成因分为哪几种类型? 按其震源的深浅又分为哪几种类型?

　　3.地震记录的三个要素是什么?

　　4.什么是地震震级和地震烈度? 如何理解地震烈度不是一个十分严格的物理量?

　　5.房屋破坏等级分为哪几类? 如何进行区分?

　　6.我国地震烈度表分成几度? 划分的主要依据是什么?

　　7.假如将你派往某地调查某次地震后的震害情况,请你设计震害调查的方案,详细描述方案的要点及设置理由。

　　8.常见的地震震害包括哪几类? 主要与哪些因素有关?

第2章

结构地震反应分析

学习目标

了解结构地震反应分析由静力理论阶段向动力理论阶段发展的历程；理解单自由度体系运动方程的物理意义，掌握自由振动、强迫振动的求解方法及阻尼的影响；掌握反应谱的基本概念及在求解地震作用中的含义，理解设计反应谱的由来，掌握地震影响系数、地震系数、动力系数的含义；掌握多自由度体系运动方程的建立和求解方法，理解振型的基本概念、瑞雷（Rayleigh）阻尼的意义和振型的正交性；掌握振型分解法求解地震反应的步骤；理解并掌握振型分解反应谱法求解地震作用的意义和做法。

思政目标

地震对结构的影响本质上为地面振动所产生的惯性作用。回溯抗震理论的历史沿革，解读科技进步的缘由，从基于工程实际需求服务社会发展的抗震设计理论演化过程，认知专业技术人员在基础工作方面上的不懈努力，诠释工匠精神内涵。

地震发生时，建筑结构受到地面运动作用而产生振动，使得结构产生随时间变化的位移、速度、加速度、内力和变形等，这些统称结构的地震反应，以下简称为地震反应。振动过程中在结构上产生的惯性力称为地震作用，它使结构产生内力，发生变形。

建筑结构抗震设计中，抗震计算的首要任务是计算结构的地震作用，进而求出结构和构件的地震作用效应，然后进行结构构件的抗震承载力验算及变形验算。在地震作用和一般荷载的共同作用下，如果结构的内力或变形超过容许限值时，建筑结构就会遭到破坏，甚至倒塌。

结构的地震作用不仅与地面运动加速度的大小、频谱特性及持续时间有关，同时还与结构的动力特性（结构的自振周期、阻尼等）密切相关。由于地震时地面运动是一种随机过程，运动不规则，而建筑结构是由各种构件组成的空间体系，其动力特性复杂，所以确定地震作用要比确定一般荷载复杂得多，涉及结构动力学等多方面的知识。

本章主要介绍工程结构抗震理论方面的基本知识。

2.1 地震反应分析的发展历程

随着社会发展和科技进步，人们愈加意识到地震反应分析是一个和地震地面振动特性、结构特性等密切相关的动力分析过程,地震反应分析逐步由静力理论阶段发展到准动力(反应谱)理论阶段,再逐步向动力分析理论过渡。计算技术的快速发展,使得动力分析理论的工程应用变得可能和可信。

1. 静力理论阶段

静力理论,这种方法的基本假定是整个上部结构随地面做刚体平动,结构各质点上的水平地震作用最大值为该质点与地面运动加速度的乘积,也被称为震度法。这种方法创始于意大利,发展于日本,在20世纪初,日本学者大森房吉、佐野利器等人对其发展做出了重要贡献。

假定结构物与地震动具有相同的振动,把结构物在地面运动加速度作用下产生的惯性力视作静力作用于结构物上做抗震计算,公式见(2-1):

$$F = |\ddot{x}_g|_{max} \frac{G}{g} = kG \tag{2-1}$$

式中 $|\ddot{x}_g|_{max}$——地震动最大水平加速度;

g——重力加速度;

G——建筑物的自重;

k——地震系数。

k 是地震动峰值加速度与重力加速度的比值,其值与结构动力特性无关。最初,日本学者佐野利器将地震系数取值0.1;1926年开始,日本规定按不同地区把地震系数大小区分为0.15~0.4。

只有当结构物的基本周期比场地特征周期小很多时,结构物在地震时才可能几乎不产生变形而可以被视为刚体,此时静力法成立,而超出此范围则不适用。早期的研究对地震动卓越周期认识不清,一般认为强地震动的主要周期在1.0~1.5 s,此时建造的房屋相对较矮,周期短,采用这种方法有其合理的一面。尽管这种概念简单,但因忽略了结构的动力特性这一重要因素,将地震加速度作为结构地震破坏的单一因素,常导致对结构抗震的一些错误判断。

2. 反应谱分析理论阶段

正是认识到静力理论的不足,有必要考虑地震反应的动力特性,这就是反应谱理论产生的背景。反应谱理论,属于准动力理论,是在20世纪40年代收集到了相当多的地震运动记录后逐步提出并完善的,也是目前世界各国计算地震作用时普遍使用的方法。1943年,美国学者M. Biot首先明确提出从实测记录中计算反应谱的概念,到20世纪50年代初由美国学者G. W. Housner得以实现,即根据多个实测的地震地面记录分别代入单自由度动力方程,计算出各自最大弹性地震反应(加速度、速度、位移),以其最大值作为实际结构抗震设计的依据,可以简单而正确地反映出地震对结构的影响。

反应谱理论考虑了地震影响的强烈程度即烈度,考虑了地面运动的特性(主要是场地性质)的影响,也考虑了结构自身的动力特性(周期与阻尼比),即考虑了结构动力特性与地震动力特性之间的动力关系;同时,将结构的动力反应转化为作用在结构上的静力,保持了原有的静力理论形式,抗震计算简便易行,以加速度反应的最大值进行设计分析一般

是偏于安全的。一般情况下,结构物所受最大地震基底剪力为

$$V = k\beta(T)G \tag{2-2}$$

式中　$\beta(T)$——加速度反应谱与地震动最大加速度之比或动力系数;

　　　　T——结构周期。

本章第 3 节将详细介绍 $\beta(T)$,它表示结构物加速度反应的放大倍数。

尽管这种理论考虑了动力特性的影响,可以满足大部分常规工程的抗震分析需求,但仍不免存在不足之处:一是强震的持续时间的影响无法考虑;二是建立在单自由度弹性结构最大反应基础上的多自由结构振型组合方法仅具有概率统计的意义;三是未考虑结构可能出现的塑性与塑性变形积累的过程。

3. 动力分析理论阶段

随着社会的发展,工程结构愈加大型化和复杂化,反应谱理论作为准动力理论的局限性体现得更加明显,采用动力分析的需求就显得比过去更迫切。所谓动力分析,就是按照地震动加速度过程计算结构地震反应的过程,因而可以更真实地反映结构地震反应。1971 年美国 San Fernando 地震的发生和震害的收集有力地推动了这种理论的发展。1972 年美国学者 G. W. Housner 和 P. C. Jennings 指出,等效静力法不太符合实际,不是什么时候都有效。随着 20 世纪 70 年代前后计算机的大量普及而兴起的结构反应数值分析、强震观测记录和震害经验的积累,人们逐步认识到,考虑全部地震过程进行真正的结构反应动力分析是非常必要的。

随着地震动加速度过程观测记录的积累,人们认识了它的复杂性和随机性,从而引用了在其他学科中早已采用的随机过程理论来进行地震动的描述和结构地震反应的分析。这一分析方法的特点在于它认为地震动与结构地震反应都是随机现象,因而只能求得其统计特征,或者具有出现概率意义上的最大反应。根据这一概念,可以较好地处理反应谱分析方法中的振型组合问题,并使抗震设计从安全系数法过渡到概率理论的分项系数法。近几十年来发展起来的地震危险性分析又为抗震结构中的一些重大问题,如地震区划、设计原则、安全与保险、社会决策等提供了基础数据。随机振动理论是与反应谱理论并行的,前者从随机观点处理了反应超过给定值的概率,后者从确定性概念处理了复杂频谱组成的地震动引起的结构反应。

时程分析法是直接通过动力方程求解地震反应,通过直接动力分析可得到结构反应随时间的变化关系,因此又称动力分析法。时程分析法将地震波按时段进行数值化后,输入结构体系的振动微分方程,采用直接积分法计算出结构在整个强震时域中的振动状态全过程,给出各时刻各杆件的内力与变形。时程分析法能真实地反映结构地震反应随时间变化的全过程,并可处理强震作用下结构的弹塑性变形,因此已成为结构反应分析的一种重要方法。但是其在应用上尚存在一定局限,尤其是工程结构设计时的应用,如输入地震波的不确定性、结构性能的近似假定与模拟等,使结构分析的可信度受到限制。该方法需要专门的程序与应用知识,输入输出数据量大,计算技术复杂,一般需要专业技术人员进行分析。因此,我国抗震规范只要求少数重要、超高或有薄弱部位的结构采用时程分析法进行补充计算。

2.2 单自由度体系的振动

2.2.1 运动方程的建立

单质点弹性体系,是指可以将结构参与振动的全部质量集中于一点,用无质量的弹性直杆支承于地面的体系。例如,单层房屋,由于它们的质量大部分集中于结构的顶部,因此通常将这类结构简化成单质点体系;又如,采用大型钢筋混凝土屋面板的屋盖部分是结构的主要质量,确定单层等高厂房的结构动力计算简图时,可将厂房各跨质量集中到各跨屋盖标高处,通常将这类结构也都简化成单质点体系;再如,水塔建筑的水箱部分是结构的主要质量,而塔柱部分是结构的次要质量,可将水箱的全部质量及部分塔柱质量集中到水箱质心处,使结构成为一单质点体系。如只考虑质点的一个方向自由度,就变成单自由度体系,计算简图如图 2-1 所示。

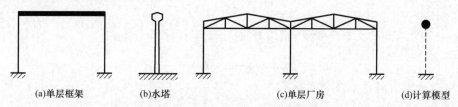

(a)单层框架   (b)水塔   (c)单层厂房   (d)计算模型

图 2-1 单质点体系实例及计算简图

图 2-2 表示了单质点弹性体系在地震时地面水平运动分量作用下的运动状态。$x(t)$表示质点对于地面的相对弹性位移反应,是待求的未知量;$\dot{x}(t)$表示质点的相对速度反应;$\ddot{x}_g(t)$表示地震地面运动加速度(简称为地面运动加速度);$\ddot{x}(t)+\ddot{x}_g(t)$表示质点的绝对加速度反应。取质点 m 为隔离体,该质点上作用有三种力,即弹性恢复力 F_S、阻尼力 F_D 和惯性力 F_I。

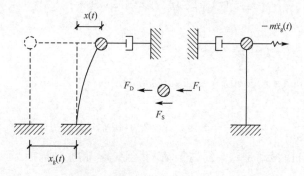

图 2-2 单质点弹性体系运动状态

弹性恢复力是使质点从振动位置回到平衡位置的一种力,其大小与质点的相对位移$x(t)$成正比,其方向与质点的位移方向相反,即

$$F_S = -kx(t) \tag{2-3}$$

式中 k ——弹性直杆的刚度。

结构在振动过程中,由于结构构件在连接处的摩擦、材料的内摩擦以及通过地基散失的能量等原因,将使结构振动逐渐衰减,这种使结构振动衰减的力就称为阻尼力,在工程计算中一般采用黏滞阻尼理论,即假定阻尼力与速度成正比,其方向与速度的方向相反。即

$$F_D = -c\dot{x}(t) \tag{2-4}$$

式中 c ——阻尼系数。

惯性力是质点的质量与绝对加速度的乘积,其方向与质点运动加速度的方向相反,即

$$F_I = -m[\ddot{x}(t) + \ddot{x}_g(t)] \tag{2-5}$$

根据达朗贝尔(D′Alembert)原理,质点在上述三个力作用下处于平衡,则有

$$m[\ddot{x}(t) + \ddot{x}_g(t)] + c\dot{x}(t) + kx(t) = 0 \tag{2-6}$$

即

$$m\ddot{x}(t) + c\dot{x}(t) + kx(t) = -m\ddot{x}_g(t) \tag{2-7}$$

式(2-7)为单自由度体系的运动方程。为便于求解,将式(2-7)改写为

$$\ddot{x}(t) + \frac{c}{m}\dot{x}(t) + \frac{k}{m}x(t) = -\ddot{x}_g(t) \tag{2-8}$$

令 $\omega^2 = \dfrac{k}{m}$, $\xi = \dfrac{c}{2\sqrt{km}} = \dfrac{c}{2m\omega}$,化简后得

$$\ddot{x}(t) + 2\xi\omega\dot{x}(t) + \omega^2 x(t) = -\ddot{x}_g(t) \tag{2-9}$$

式中 ω ——无阻尼自振圆频率;

  ξ ——阻尼比。

由微分方程理论可知,式(2-9)的解包含两部分:一个是对应齐次微分方程的通解,表示自由振动;另一个是对应微分方程的特解,表示强迫振动。

2.2.2 自由振动求解

运动微分方程所对应的齐次方程为

$$\ddot{x}(t) + 2\xi\omega\dot{x}(t) + \omega^2 x(t) = 0 \tag{2-10}$$

1. 无阻尼情况

当无阻尼时, $\xi = 0$,其解为

$$x(t) = x_0\cos(\omega t) + \frac{\dot{x}_0}{\omega}\sin(\omega t) \ \text{或}\ x(t) = A\sin(\omega t + \psi) \tag{2-11}$$

式中, $A = \sqrt{x_0^2 + \left(\dfrac{\dot{x}_0}{\omega}\right)^2}$, $\tan\psi = \dfrac{\omega x_0}{\dot{x}_0}$, x_0、$\dot{x}_0$ 表示初始位移、初始速度。

可见,无阻尼自由振动是一个简谐振动,不会衰减,其振动周期为

$$T = \frac{2\pi}{\omega} = 2\pi\sqrt{\frac{m}{k}} \tag{2-12}$$

振动频率为

$$f = \frac{1}{T} = \frac{\omega}{2\pi} = \frac{1}{2\pi}\sqrt{\frac{k}{m}} \tag{2-13}$$

2. 小阻尼情况

当有阻尼时，$0<\xi<1$，这是最常碰到的情况，解为

$$x(t)=\mathrm{e}^{-\xi\omega t}[x_0\cos(\omega't)+\frac{\dot{x}_0+\xi\omega x_0}{\omega'}\sin(\omega't))] \tag{2-14}$$

或改写成

$$x(t)=A\mathrm{e}^{-\xi\omega t}\sin(\omega't+\psi) \tag{2-15}$$

式中，$A=\sqrt{x_0^2+(\frac{\dot{x}_0+\xi\omega x_0}{\omega'})^2}$，$\tan\psi=\frac{\omega'x_0}{\dot{x}_0+\xi\omega x_0}$，$\omega'=\omega\sqrt{1-\xi^2}$ 表示有阻尼自由振动的圆频率。一般情况下，建筑结构的阻尼比一般为 $0.02\sim0.05$，在抗震规范中，结构阻尼比最大取 0.20，此时 $\omega'=\omega\sqrt{1-0.2^2}=0.98\omega\approx\omega$，可见有阻尼时和无阻尼时的自振圆频率很接近，通常可不考虑阻尼对自振圆频率或自振频率的影响。

小阻尼自由振动表现为振幅逐步衰减的简谐振动，如图 2-3 所示。可见，随着阻尼比的增大，结构反应会减小；结构反应的外包络线为 $\mathrm{e}^{-\xi\omega t}$，可以由试验得到的结构自由振动衰减曲线反过来确定阻尼比 ξ 值。

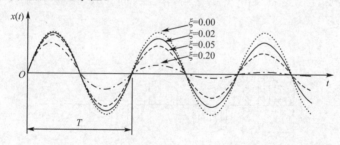

图 2-3 无阻尼及小阻尼自由振动情况下的单自由度体系位移曲线

3. 临界阻尼和过阻尼情况

需要说明的是，当 $\xi\geqslant1$ 时，体系的位移曲线已经不再表现出震荡的特点，如图 2-4 所示。

当 $\xi=1$，属于临界阻尼情况，$\omega'=0$，$c_r=2\sqrt{km}$ 被称为临界阻尼系数。

$$x(t)=\mathrm{e}^{-\xi\omega t}(C_1+C_2t) \tag{2-16}$$

当 $\xi>1$，属于过阻尼情况，有

$$x(t)=C_1\mathrm{e}^{-\xi\omega t}+C_2\mathrm{e}^{\xi\omega t} \tag{2-17}$$

式(2-16)及式(2-17)中，C_1、C_2 为待定常数，根据初始位移和速度条件确定。

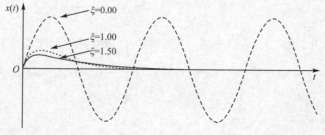

图 2-4 过阻尼、临界阻尼状态下的单自由度体系位移曲线

【例 2-1】 已知某单自由度体系,质点质量 $m = 12\,000$ kg,抗侧刚度 $k = 1.2$ kN/cm,试求该体系的自振特性。

【解】

采用国际单位,$k = 1.2$ kN/cm $= 1.2 \times 10^5$ N/m。

自振圆频率 $\qquad\qquad \omega = \sqrt{\dfrac{k}{m}} = \sqrt{\dfrac{1.2 \times 10^5}{12\,000}} = \sqrt{10} = 3.16$ rad/s

自振周期 $\qquad\qquad\qquad T = \dfrac{2\pi}{\omega} = 1.99$ s

自振频率 $\qquad\qquad\qquad f = \dfrac{1}{T} = 0.50$ Hz

2.2.3 强迫振动求解

由于结构阻尼的存在,自由振动很快就会衰减,因而其强迫振动部分更有价值。为了求方程的特解,将外激励 $-\ddot{x}_g(t)$ 看作是无穷多个连续作用的微分脉冲,如图 2-5 所示。设任意一个微分脉冲在 $t = \tau - d\tau$ 开始作用,作用时间为 $d\tau$,在微分脉冲 $-\ddot{x}_g(\tau)d\tau$ 作用下将产生自由振动。

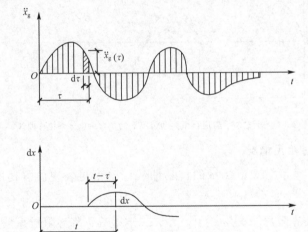

图 2-5 外力随时间变化示意图

微分脉冲作用前的位移和速度均为零,在微分脉冲作用后,瞬时位移不会发生变化,故初位移为零;根据动量定律,体系上质点的冲量等于动量的变化,从脉冲-动量关系中可得初速度。

$$\dot{x}_0 = -\ddot{x}_g(\tau)d\tau \qquad\qquad (2-18)$$

按自由振动的表达式,可求得在该时刻作用的微分脉冲所产生的位移反应

$$dx(\tau) = -\ddot{x}_g(\tau)d\tau\,\frac{e^{-\xi\omega(t-\tau)}}{\omega'}\sin\omega'(t-\tau) = -\frac{e^{-\xi\omega(t-\tau)}}{\omega'}\sin\omega'(t-\tau)\ddot{x}_g(\tau)d\tau$$

$$(2-19)$$

对式(2-19)积分,得位移反应

$$x(t) = -\frac{1}{\omega'}\int_0^t \ddot{x}_g(\tau) \mathrm{e}^{-\xi\omega(t-\tau)} \sin \omega'(t-\tau) \mathrm{d}\tau \tag{2-20}$$

式(2-20)即为初始时刻处于静止状态的单自由度体系在地面运动加速度 $\ddot{x}_g(t)$ 作用下的位移反应,它通称为杜哈美(Duhamel)积分。式(2-20)是运动微分方程式的特解,它与通解之和就是方程式的解。由于自由振动部分或通解很快会衰减,即特解部分或强迫振动部分为稳态的结构反应。

引入单位脉冲位移响应函数

$$h(t) = -\frac{1}{\omega'} \mathrm{e}^{-\varepsilon\omega t} \sin \omega't \tag{2-21}$$

则位移反应可以表示为单位脉冲位移响应函数 $h(t)$ 与地面运动加速度 $\ddot{x}_g(t)$ 的卷积,即

$$x(t) = h(t) * \ddot{x}_g(t) \tag{2-22}$$

式中,符号 $*$ 表示卷积。

将式(2-22)对 t 微分一次可得速度

$$\dot{x}(t) = \int_0^t \mathrm{e}^{-\xi\omega(t-\tau)}\left[\xi\frac{\omega}{\omega'}\sin \omega'(t-\tau) - \cos \omega'(t-\tau)\right]\ddot{x}_g(\tau)\mathrm{d}\tau \tag{2-23}$$

从而可得绝对加速度

$$\ddot{x}(t) + \ddot{x}_g(t) = \int_0^t \mathrm{e}^{-\xi\omega(t-\tau)}\left[\frac{\omega^2}{\omega'}(1-2\xi^2)\sin \omega'(t-\tau) + 2\xi\omega\cos \omega'(t-\tau)\right]\ddot{x}_g(\tau)\mathrm{d}\tau \tag{2-24}$$

一般情况下,结构阻尼比 ξ 的数值很小,故式(2-24)可以简化为

$$\ddot{x}(t) + \ddot{x}_g(t) = \omega\int_0^t \mathrm{e}^{-\xi\omega(t-\tau)}\sin \omega'(t-\tau)\ddot{x}_g(\tau)\mathrm{d}\tau \tag{2-25}$$

同理,速度、加速度反应可以表示为单位脉冲速度函数 $\dot{h}(t)$、单位脉冲加速度响应函数 $\ddot{h}(t)$ 与地面运动加速度 $\ddot{x}_g(t)$ 的卷积,即

$$\dot{x}(t) = \dot{h}(t) * \ddot{x}_g(t) \tag{2-26}$$

$$\ddot{x}(t) = \ddot{h}(t) * \ddot{x}_g(t) \tag{2-27}$$

由此可见,除地面运动加速度 $\ddot{x}_g(t)$ 直接影响体系地震反应外,地震反应是和单自由度体系的动力特性(周期、阻尼比)相关的,当外激励周期与结构周期一致时会发生共振现象,此时的结构反应最大;而随着阻尼比增大,结构反应会变小。

这里讨论一种特殊情况,当地面运动加速度 $\ddot{x}_g(t)$ 为正弦激励(其圆频率为 ω_g)时,即假设

$$\ddot{x}_g(t) = \sin \omega_g t \tag{2-28}$$

可以得到地震反应为

$$x(t) = A_1 \mathrm{e}^{-\xi\omega t}\sin(\omega't + \psi_1) + A_2\sin(\omega_g t + \psi_g) \tag{2-29}$$

式(2-29)中,第一项表示外激励的瞬态响应,A_1 及 ψ_1 由初始条件确定,由于阻尼的存在(包含 $\mathrm{e}^{-\xi\omega t}$),这一项会很快消失,通常情况其意义并不大;第二项为与外激励同频率

但不同相位的稳态响应,A_2 及 ψ_g 需根据阻尼比 ξ、频率比 ω_g/ω 确定。

　　对于自振周期 0.5 s,阻尼比 0.05 的单自由度体系,在周期 0.45 s 的简谐激励作用下的加速度、位移反应如图 2-6 所示,其反应分为强迫振动段、自由振动(衰减)段,强迫振动反应可表示为周期 0.45 s 简谐激励与周期 0.5 s 的自由衰减振动之和,从开始振动到稳态振动的那一段振动,振幅和周期均在变化,属于过渡态振动,大致经过 7~8 个周期后就进入稳态反应段,即以简谐激励频率 ω_g 进行强迫振动,随着外激励停止,结构反应为自由振动,逐渐衰减到原始位置。

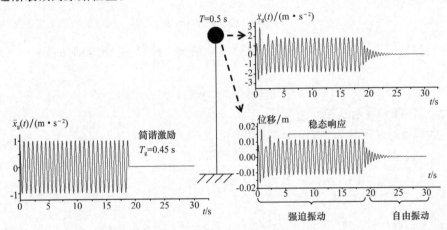

图 2-6　简谐激励作用下的加速度、位移反应

　　一般情况下,地面运动加速度 $\ddot{x}_g(t)$ 是一个不规则的函数,地震反应一般无法求得其解析解。随着计算机软件、硬件条件的大大提高,都为上述的地震反应数值计算提供了极其有利的条件,如可以直接利用 MATLAB 软件中的卷积函数等进行求解。对于上述自振周期 0.5 s,阻尼比 0.05 的单自由度体系,在 El Centro 记录(其峰值由原始记录的 3.417 m/s² 调整为 1 m/s²)作用下的加速度、位移反应如图 2-7 所示,比较这两个图,可见其结构的反应要小于周期 0.45 s 的简谐激励所引发的结构反应,这是因为简谐激励的频率为 0.45 s,非常靠近结构自振频率,更易激发结构的共振效应。

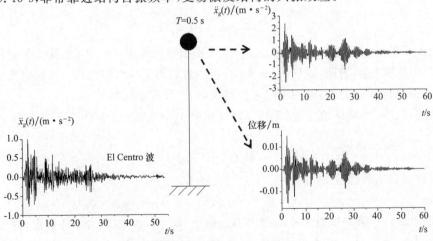

图 2-7　El Centro 地震记录作用下的加速度、位移反应

2.3 单自由度体系的地震反应谱

只要有完整的地震记录，就可以利用上一节所述的杜哈美积分求出质点在任意时刻的反应，从而得到结构内力。由于地震激励相对比较复杂且具有随机性，如何选择地震激励，如选择哪些记录和选择记录的条数等就显得十分重要。从工程实用角度出发，地震反应的峰值对于工程设计更具有工程意义，这种思路就是地震反应谱的基本思想，一般的做法是将地震作用所引起的惯性力最大值转为等效的静力进行分析，这样也就简化了抗震问题。

2.3.1 地震反应谱的概念

作用在质点上的惯性力等于质量与绝对加速度的乘积，其方向与质点运动加速度的方向相反，可见地震作用的大小是随时间变化的。然而在结构抗震设计中，一般感兴趣的是地震作用的绝对最大值，即 $m\,|\,\ddot{x}(t)+\ddot{x}_\mathrm{g}(t)\,|_{\max}$。

对不同动力特性的单自由度体系，可以求出在某地震记录下的绝对加速度反应最大值，从而获得其与体系自振周期的关系曲线，也就是所谓的加速度反应谱曲线。绝对加速度反应谱，或简称为加速度反应谱，定义为

$$S_\mathrm{a}=|\,\ddot{x}(t)+\ddot{x}_\mathrm{g}(t)\,|_{\max}=\left|\int_0^t \mathrm{e}^{-\xi\omega(t-\tau)}\left[\frac{\omega^2}{\omega}(1-2\xi^2)\sin\omega'(t-\tau)+2\xi\omega\cos\omega'(t-\tau)\right]\ddot{x}_\mathrm{g}(\tau)\mathrm{d}\tau\right|_{\max}$$

(2-30)

一般情况下，结构阻尼比的数值很小，可以简化为

$$S_\mathrm{a}=\left|\omega\int_0^t \mathrm{e}^{-\xi\omega(t-\tau)}\sin\omega'(t-\tau)\ddot{x}_\mathrm{g}(\tau)\mathrm{d}\tau\right|_{\max}$$

(2-31)

将频率用自振周期表示，即 $\omega=\dfrac{2\pi}{T}$，则有

$$S_\mathrm{a}(T)=\frac{2\pi}{T}\left|\int_0^t \mathrm{e}^{-\xi\frac{2\pi}{T}(t-\tau)}\sin\frac{2\pi}{T}(t-\tau)\ddot{x}_\mathrm{g}(\tau)\mathrm{d}\tau\right|_{\max}$$

(2-32)

很显然，反应谱曲线是随阻尼比而变化的，不同的阻尼比就会有不同的反应谱曲线。由于绝对加速度与地震惯性力有关，加速度反应谱曲线应用最为广泛。同理，可以建立其他结构反应的地震反应谱曲线，即单自由度体系地震最大反应关于结构自振周期的变化曲线，其中相对位移与结构变形和内力有关，相对速度与地震运动输入能量有关，应用也较多。

从以上定义可得位移、速度反应谱，如式(2-33)、式(2-34)：

$$S_\mathrm{d}=\left|\frac{1}{\omega}\int_0^t \ddot{x}_\mathrm{g}(\tau)\mathrm{e}^{-\xi\omega(t-\tau)}\sin\omega'(t-\tau)\mathrm{d}\tau\right|_{\max}$$

(2-33)

$$S_\mathrm{v}=\left|\int_0^t \mathrm{e}^{-\xi\omega(t-\tau)}\left[\xi\frac{\omega}{\omega}\sin\omega'(t-\tau)-\cos\omega'(t-\tau)\right]\ddot{x}_\mathrm{g}(\tau)\mathrm{d}\tau\right|_{\max}$$

(2-34)

体系的阻尼比较小时，

$$S_\mathrm{v}=\left|\int_0^t \mathrm{e}^{-\xi\omega(t-\tau)}\cos\omega'(t-\tau)\ddot{x}_\mathrm{g}(\tau)\mathrm{d}\tau\right|_{\max}$$

(2-35)

位移、速度反应谱和加速度反应谱之间近似地具有下列简单关系：

$$S_d : S_v : S_a = 1 : \omega : \omega^2 = 1 : \frac{2\pi}{T} : \left(\frac{2\pi}{T}\right)^2 \tag{2-36}$$

图 2-8 是 1940 年 El Centro 地震记录和 1989 年 Loma Prieta 地震记录的加速度、速度和位移反应谱，其输入的地面运动加速度峰值均调整为 $1\ \text{m/s}^2$，反应谱曲线包括阻尼比为 0.02、0.05 和 0.20 三种不同的情况，阻尼比小的，反应谱要相对大一些。对比这两组地震记录的反应谱曲线，可见曲线的形状、峰值分布情况存在较明显不同之处，Loma Prieta 地震记录的反应谱一般要高于 El Centro 地震记录的反应谱，说明其输入的能量相对较多。对照第 1 章中这两条地震记录的功率谱曲线（图 1-11），可见加速度反应谱曲线的峰值点与功率谱曲线的峰值点基本对应，也同样反映出地震记录所在土层情况的差异；功率谱曲线反映出地震记录自身的能量分布情况，而反应谱曲线则体现了地震记录对上部结构的影响程度，即包含了共振效应的影响。因绝对加速度反应直接对应于结构的地震惯性作用，因而加速度反应谱一般也更多地为工程抗震所关注。

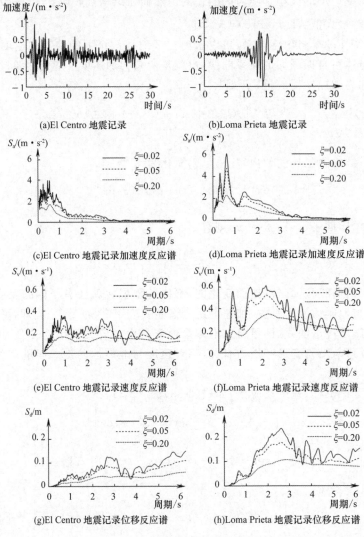

图 2-8 实测地震记录及反应谱

由反应谱曲线可见,阻尼比对反应谱形状的影响很大,即使不大的阻尼比也能削平不少峰点。对于低频系统,最大位移反应趋近于地面最大位移,当周期大于某一定值时,位移反应谱具有随周期增大而增高的趋势,即位移反应对长周期结构的影响比短周期结构要大。对于高频系统,最大加速度反应趋近于地面最大加速度,加速度反应谱在短周期部分上、下跳动比较大,但是当周期稍长时,就显示出随周期增大逐渐减小的趋势。对于中频系统,最大反应均比地面运动大,即存在动力放大效应,一般情况下,位移放大系数小于速度放大系数,速度放大系数小于加速度放大系数;对速度反应谱而言,当周期大于某一定值时,其谱值随周期的变化呈现出大致与周期轴平行的趋势。

2.3.2 设计反应谱

用不同地震记录输入所得的反应谱差异较大,影响反应谱的主要因素是地震动的强度(地震记录的峰值)及频谱特征,前者决定谱的大小,后者决定谱的形状。因此,有必要在已知的地震记录所得的反应谱基础上专门研究可供结构抗震设计用的反应谱,这需要对实测地震记录反应谱进行统计分析、拟合处理,并结合实际震害情况加以调整,从而得到具有工程应用价值的设计反应谱。

由反应谱理论知,最大水平地震作用可表示为

$$F = m S_a(T) = G \frac{|\ddot{x}_g|_{max}}{g} \frac{S_a(T)}{|\ddot{x}_g|_{max}} = Gk\beta(T) \tag{2-37}$$

式中 G——重力;

k——地震系数,相当于以重力加速度为单位的地面运动最大加速度,与结构动力特性无关,抗震规范规定了不同地震烈度所对应的地震系数, $k = \dfrac{|\ddot{x}_g|_{max}}{g}$;

$\beta(T)$——动力系数,表示质点最大绝对加速度反应与地面最大加速度峰值之比,是和结构动力特性(自振周期、阻尼比)相关的参数,与地震强烈程度无关, $\beta(T) = \dfrac{S_a(T)}{|\ddot{x}_g|_{max}} = \dfrac{|\ddot{x}+\ddot{x}_g|_{max}}{|\ddot{x}_g|_{max}}$。

$\beta(T)$实质上为标准化的地震加速度反应谱。对于同一个地震记录,经标准化处理后的反应谱与原反应谱的形状完全相同,只是谱值大小按比例变化。尽管每次地震的地面运动加速度曲线各不相同,规律性不明显,但是根据它们绘制的动力系数反应谱曲线,反应谱的形状却有某些共同的特征,大致分为上升、波动和下降等几段,其中波动段所对应的周期范围大致从0.1 s到某一数值时,该数值一般对应于反应谱曲线的峰值,即反应谱特征周期,我国地震动反应谱特征周期区划图见第1章。

我国抗震规范所采用的 $\beta(T)$ 曲线分为四段,如图2-9所示。当周期在0～0.1 s时,为直线上升段;当周期在0.1 s～ T_g 时,为平台段,取最大值,对于阻尼比0.05的情况, $\beta_{max}=2.25$;当周期在 T_g～ $5T_g$ 时,为指数型的曲线下降段,即动力系数下降速率大于周期的下降速率;当周期在 $5T_g$～6.0 s时,为直线下降段。

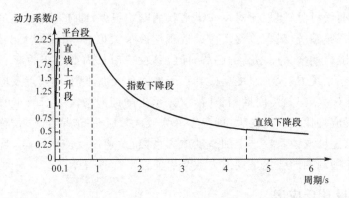

图 2-9　设计反应谱——动力系数 β（阻尼比 0.05）

根据以上设计反应谱（绝对加速度反应谱）曲线，可以得到相对位移、速度反应谱，形状呈现急速上升—缓慢上升、上升—平台的曲线形状，如图 2-10 所示，这基本上也代表了加速度、速度、位移反应谱的一般变化趋势。

图 2-10　设计反应谱及相应的速度、位移反应谱示意图

我国抗震规范直接引入地震影响系数 $\alpha(T)$，其表达式为

$$\alpha(T)=k\beta(T) \tag{2-38}$$

地震影响系数表示的是单质点弹性体系在地震时的最大地震作用与结构重力 G 之比，或最大绝对加速度与重力加速度的比值，即最大地震作用为

$$F=G\alpha(T) \tag{2-39}$$

地震影响系数 $\alpha(T)$ 取决于设防烈度、阻尼比、自振周期、场地土的特征周期 T_g，震中距和场地条件的影响体现在场地土的特征周期 T_g 中，具体内容详见第 3 章。

应当指出，采用反应谱法简化了地震作用的计算，应用相对简便；但只反映了地震加速度中最强烈的部分，并不能体现出地震持续时间的影响。反应谱分析方法也可用于竖向地震作用的计算，可参照如上的水平地震作用计算方法。

2.4　多自由度体系的自由振动

在实际工程中，除了少量结构可以简化成单质点弹性体系来分析外，很多工程结构，如多层工业与民用建筑、多跨不等高单层工业厂房以及烟囱等，则应简化成多质点弹性体系来计算。如多层房屋，可简化成 n 个质点的弹性体，每层楼面及屋面都可作为一个质点，而楼面与楼面（屋面）之间墙、柱的质量则分别向上、向下集结到楼面及屋面质点处，这些质量由无重量的弹性直杆支承于地面，这种多自由度模型在工程上一般称为层间模型；

如多跨不等高的单层厂房,可将其质量集中到各个屋盖处;如烟囱,常根据计算要求,将结构大致平分成若干段,然后将各段折算成质点;如图 2-11、图 2-12 所示。

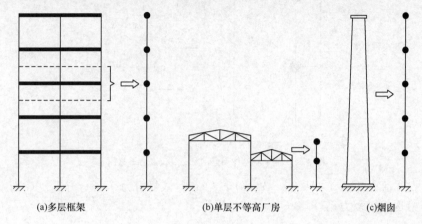

(a)多层框架　　　　　　　(b)单层不等高厂房　　　　　(c)烟囱

图 2-11　多质点体系实例及计算简图

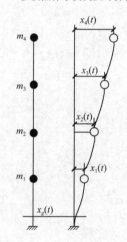

图 2-12　层间模型计算简图

2.4.1　运动方程的建立

为简单起见,先讨论两个质点弹性体系的自由振动,然后再推广到 n 个质点的情形。

如图 2-13 所示,两个质点体系做自由振动,m_1 和 m_2 分别为两个质点的集中质量。设在地面运动加速度 $\ddot{x}_g(t)$ 作用下,质点 1 和质点 2 相对于基底的位移分别为 $x_1(t)$ 和 $x_2(t)$,则其绝对加速度分别为 $\ddot{x}_1(t)+\ddot{x}_g(t)$ 和 $\ddot{x}_2(t)+\ddot{x}_g(t)$。

假设不考虑阻尼的影响,根据达朗贝尔(D'Alembert)原理建立平衡条件。

对质点 1,惯性力为 $f_{I1}=-m_1[\ddot{x}_1(t)+\ddot{x}_g(t)]$,恢复力为 $f_{S1}=-k_1x_1(t)+k_2[x_2(t)-x_1(t)]$,上述两个力构成平衡力系,即

$$f_{I1}+f_{S1}=-m_1[\ddot{x}_1(t)+\ddot{x}_g(t)]-k_1x_1(t)+k_2[x_2(t)-x_1(t)]=0$$

或
$$m_1\ddot{x}_1(t)+(k_1+k_2)x_1(t)-k_2x_2(t)=-m_1\ddot{x}_g(t) \tag{2-40}$$

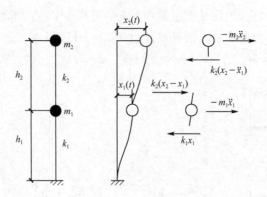

图 2-13　两个质点体系运动状态及质点力示意图

对质点 2,惯性力为 $f_{I2} = -m_2[\ddot{x}_2(t) + \ddot{x}_g(t)]$,恢复力为 $f_{S2} = -k_2[x_2(t) - x_1(t)]$,上述两个力构成平衡力系,即

$$f_{I2} + f_{S2} = -m_2[\ddot{x}_2(t) + \ddot{x}_g(t)] - k_2[x_2(t) - x_1(t)] = 0$$

或 $\qquad m_2\ddot{x}_2(t) + k_2 x_2(t) - k_2 x_1(t) = -m_2\ddot{x}_g(t)$ $\qquad$ (2-41)

将两个方程合并写成矩阵形式,有

$$[M]\{\ddot{x}(t)\} + [K]\{x(t)\} = -[M]\{I\}\ddot{x}_g(t) \qquad (2\text{-}42)$$

式中　$[M]$——体系的质量矩阵,$[M] = \begin{bmatrix} m_1 & 0 \\ 0 & m_2 \end{bmatrix}$;

$\qquad [K]$——体系的刚度矩阵,$[K] = \begin{bmatrix} k_1+k_2 & -k_2 \\ -k_2 & k_2 \end{bmatrix}$;

$\qquad \{x(t)\}$——位移列向量,$\{x(t)\} = \begin{Bmatrix} x_1(t) \\ x_2(t) \end{Bmatrix}$;

$\qquad \{I\}$——单位列向量,$\{I\} = \begin{Bmatrix} 1 \\ 1 \end{Bmatrix}$。

如考虑阻尼影响,则体系的运动方程为

$$[M]\{\ddot{x}(t)\} + [C]\{\dot{x}(t)\} + [K]\{x(t)\} = -[M]\{I\}\ddot{x}_g(t) \qquad (2\text{-}43)$$

式中,$[C]$ 为体系的阻尼矩阵,最常用的是瑞雷(Rayleigh)阻尼假定,即阻尼矩阵为质量矩阵和刚度矩阵的线性组合。

$$[C] = \alpha_0[M] + \alpha_1[K] \qquad (2\text{-}44)$$

式中,α_0、α_1 为与结构体系有关的常数。

对于一般的多自由度体系层间模型,其运动方程在形式上与式(2-42)或式(2-43)完全一样,其中质量矩阵多为对角矩阵,刚度矩阵可用结构力学的组装方法得到,刚度矩阵为三对角方程,阻尼矩阵也可采用瑞雷阻尼假定。

$$[M] = \begin{bmatrix} m_1 & & & & 0 \\ & m_2 & & & \\ & & m_3 & & \\ & & & \ddots & \\ 0 & & & & m_n \end{bmatrix} \quad [K] = \begin{bmatrix} k_1+k_2 & -k_2 & & & 0 \\ -k_2 & k_2+k_3 & -k_3 & & \\ & -k_3 & k_3+k_4 & & \\ & & & \ddots & -k_n \\ 0 & & & -k_n & k_n \end{bmatrix} \quad \{x(t)\} = \begin{Bmatrix} x_1(t) \\ x_2(t) \\ x_3(t) \\ \vdots \\ x_n(t) \end{Bmatrix}$$

$\{I\}$ 则表示 n 维的单位列向量。

2.4.2 自振频率及振型

1. 自振频率

当无阻尼运动方程式右端项为零,即得自由振动方程为

$$[M]\{\ddot{x}(t)\}+[K]\{x(t)\}=0 \tag{2-45}$$

考虑两自由度体系的情况,假设具有和单自由度体系类似的位移表达形式为

$$\{x(t)\}=\begin{Bmatrix}x_1(t)\\x_2(t)\end{Bmatrix}=\begin{Bmatrix}X_1\\X_2\end{Bmatrix}\sin(\omega t+\psi) \tag{2-46}$$

式中,X_1、X_2 分别为质点 1、质点 2 的位移幅值。

代入运动方程得

$$-[M]\omega^2\begin{Bmatrix}X_1\\X_2\end{Bmatrix}\sin(\omega t+\psi)+[K]\begin{Bmatrix}X_1\\X_2\end{Bmatrix}\sin(\omega t+\psi)=0$$

化简得

$$([K]-\omega^2[M])\begin{Bmatrix}X_1\\X_2\end{Bmatrix}=0 \tag{2-47}$$

这是一个线性齐次代数方程组。显然,$\begin{Bmatrix}X_1\\X_2\end{Bmatrix}=0$ 是一组解,即位移 $\begin{Bmatrix}x_1(t)\\x_2(t)\end{Bmatrix}=0$,体系无振动,不是自由振动的解。要存在非零解,其系数矩阵行列式必须为零,即

$$|[K]-\omega^2[M]|=0 \text{ 或 } \begin{vmatrix}k_1+k_2-m_1\omega^2 & -k_2\\-k_2 & k_2-m_2\omega^2\end{vmatrix}=0 \tag{2-48}$$

式(2-48)为频率方程,展开可得关于 ω^2 的二次方程为

$$(\omega^2)^2-\left(\frac{k_1+k_2}{m_1}+\frac{k_2}{m_2}\right)\omega^2+\frac{k_1k_2}{m_1m_2}=0 \tag{2-49}$$

求解可得

$$(\omega^2)_{1,2}=\frac{1}{2}\left[\left(\frac{k_1+k_2}{m_1}+\frac{k_2}{m_2}\right)\pm\sqrt{\left(\frac{k_1}{m_1}-\frac{k_2}{m_2}\right)^2+\frac{k_2}{m_1}\left(\frac{2k_1+k_2}{m_1}+\frac{2k_2}{m_2}\right)}\right] \tag{2-50}$$

由此,可得到两自由度体系的两个自振圆频率 ω_1 和 ω_2。其中较小的圆频率用 ω_1 表示,称为第一自振圆频率或基本自振圆频率,相应的第一自振频率或基本频率为 $f_1=\frac{\omega_1}{2\pi}$,第一自振周期或基本周期为 $T_1=\frac{1}{f_1}=\frac{2\pi}{\omega_1}$;另一个圆频率用 ω_2 表示,称为第二自振圆频率,相应的自振频率、自振周期为 $f_2=\frac{\omega_2}{2\pi}$,$T_2=\frac{1}{f_2}=\frac{2\pi}{\omega_2}$。

对于一般的多自由度体系,振幅方程为

$$([K]-\omega^2[M])\{X\}=0 \tag{2-51}$$

频率方程为

$$|[K]-\omega^2[M]|=0 \tag{2-52}$$

这是一阶多元方程,一般难以采用手算方法直接求解,可以采用软件计算,如可利用

MATLAB 程序的矩阵特征值函数进行求解。

2. 主振型

将求得的 ω_1 和 ω_2 分别代入运动方程后,因其系列行列式为零,解 X_1 和 X_2 不是唯一的,可求出 X_1 和 X_2 的关系。

对应于 ω_1,第一振型:

$$\frac{X_{12}}{X_{11}} = \frac{k_1 + k_2 - m_1\omega_1^2}{k_2} \tag{2-53}$$

$$\begin{Bmatrix} x_{11}(t) \\ x_{12}(t) \end{Bmatrix} = \begin{Bmatrix} X_{11} \\ X_{12} \end{Bmatrix} \sin(\omega_1 t + \psi_1) \tag{2-54}$$

对应于 ω_2,第二振型:

$$\frac{X_{22}}{X_{21}} = \frac{k_1 + k_2 - m_1\omega_2^2}{k_2} \tag{2-55}$$

$$\begin{Bmatrix} x_{21}(t) \\ x_{22}(t) \end{Bmatrix} = \begin{Bmatrix} X_{21} \\ X_{22} \end{Bmatrix} \sin(\omega_2 t + \psi_2) \tag{2-56}$$

可见,上述位移幅值的比值为与时间无关的常数。即当体系按其自振频率振动时,两个质点的位移比值始终保持不变,这种特殊的振动形式通常称为主振型,简称振型。当体系按 ω_1 振动时,称第一振型或基本振型;当按 ω_2 振动时,称第二振型。两个质点体系振型图如图 2-14 所示。在绘制振型曲线时,为了简单起见,可将其中某一质点的位移值定为 1,则另一质点的位移值可根据相应的比值确定。

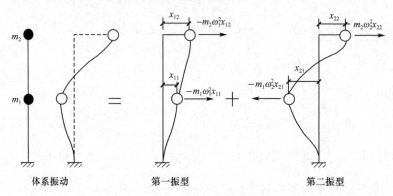

图 2-14　两个质点体系振型图

一般情况下,体系有多少个自由度就有多少个频率,相应的就有多少个振型,它们是体系的固有特性。由于某一振型在振动过程中各质点的位移始终保持一定的比值,且各质点的速度也保持这一比值,因此,仅当各质点的初位移的比值和初速度的比值与该振型的这些比值相同时,即在这样的特定初始条件下,才能出现这种振型的振动形式。对于多自由度体系,一般可以采用软件计算求解振型,如利用 MATLAB 程序的矩阵特征向量函数就可以求解。

在一般的初始条件下,体系的振动曲线将包含全部振型。对于两自由度体系而言,其通解为两个振型的线性组合,即

$$\{x(t)\} = \begin{Bmatrix} x_1(t) \\ x_2(t) \end{Bmatrix} = \begin{Bmatrix} X_{11} \\ X_{12} \end{Bmatrix} \sin(\omega_1 t + \psi_1) + \begin{Bmatrix} X_{21} \\ X_{22} \end{Bmatrix} \sin(\omega_2 t + \psi_2) \qquad (2\text{-}57)$$

可见,在一般的初始条件下,任意质点的振动都是由各振型的简谐振动叠加而成的复合振动,它不再是简谐振动,而且各质点之间位移的比值也不再是常数,而是随时间而发生变化的。

3. 振型的正交性

所谓振型的正交性,是指在多自由度体系中,任意两个不同频率的振型间,都存在着下述互相正交的性质。

设 ω_i 为第 i 个频率,对应的振型为 $\{X\}_i$;ω_j 为第 j 个频率,对应的振型为 $\{X\}_j$。由频率方程,可知满足

$$([K] - \omega_i^2 [M])\{X\}_i = 0 \qquad (2\text{-}58)$$

$$([K] - \omega_j^2 [M])\{X\}_j = 0 \qquad (2\text{-}59)$$

其中,结构刚度矩阵和质量矩阵均为对称矩阵,即 $[K]^T = [K]$,$[M]^T = [M]$。分别用 $\{X\}_j^T$ 和 $\{X\}_i^T$ 左乘式(2-58)和式(2-59),得

$$\{X\}_j^T ([K] - \omega_i^2 [M])\{X\}_i = 0 \qquad (2\text{-}60)$$

$$\{X\}_i^T ([K] - \omega_j^2 [M])\{X\}_j = 0 \qquad (2\text{-}61)$$

将式(2-60)作转置变换,得

$$\{X\}_i^T ([K]^T - \omega_i^2 [M]^T)\{X\}_j = 0 \qquad (2\text{-}62)$$

即

$$\{X\}_i^T ([K] - \omega_i^2 [M])\{X\}_j = 0 \qquad (2\text{-}63)$$

将式(2-61)与式(2-63)相减,得 $(\omega_j^2 - \omega_i^2)\{X\}_i^T [M]\{X\}_j = 0$

因 $\omega_j^2 \neq \omega_i^2$,故得

$$\{X\}_i^T [M]\{X\}_j = 0 \qquad (2\text{-}64)$$

这就是振型的第一正交条件,即振型关于质量矩阵的正交条件或振型关于质量矩阵的加权正交性。

同理可得

$$\{X\}_i^T [K]\{X\}_j = 0 \qquad (2\text{-}65)$$

式(2-65)为振型的第二正交条件,即振型关于刚度矩阵的正交条件或关于刚度矩阵的加权正交性。

【例 2-2】 求图 2-15 所示两自由度弹性体系的自振圆频率和振型,并验证其振型的正交性。各层层高均为 h,抗侧刚度为 $k_1 = k_2 = k$,两个质点的质量为 $m_1 = m_2 = m$。

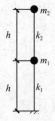

图 2-15 【例 2-2】计算简图

【解】根据已知条件，有

$$[M] = \begin{bmatrix} m_1 & 0 \\ 0 & m_2 \end{bmatrix} = m \begin{bmatrix} 1 & 0 \\ 0 & 1 \end{bmatrix}$$

$$[K] = \begin{bmatrix} k_1 + k_2 & -k_2 \\ -k_2 & k_2 \end{bmatrix} = k \begin{bmatrix} 2 & -1 \\ -1 & 1 \end{bmatrix}$$

频率方程：$|[K] - \omega^2 [M]| = 0$ 得

$$(\omega^2)_{1,2} = \frac{1}{2} \left[\left(\frac{k_1 + k_2}{m_1} + \frac{k_2}{m_2} \right) \pm \sqrt{\left(\frac{k_1}{m_1} - \frac{k_2}{m_2} \right)^2 + \frac{k_2}{m_1} \left(\frac{2k_1 + k_2}{m_1} + \frac{2k_2}{m_2} \right)} \right]$$

$$(\omega^2)_{1,2} = \left(\frac{3 \pm \sqrt{5}}{2} \right) \frac{k}{m}$$

即 $\omega_1 = 0.618 \sqrt{\dfrac{k}{m}}$，$\omega_2 = 1.618 \sqrt{\dfrac{k}{m}}$

第一振型：$\dfrac{X_{12}}{X_{11}} = \dfrac{k_1 + k_2 - m_1 \omega_1^2}{k_2} = 1.618$

第二振型：$\dfrac{X_{22}}{X_{21}} = \dfrac{k_1 + k_2 - m_1 \omega_2^2}{k_2} = -0.618$

振型图如图 2-16 所示。

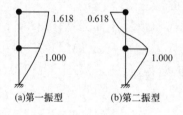

(a)第一振型   (b)第二振型

图 2-16　振型图

验证振型关于质量矩阵的正交性：

$$\{X\}_1^T [M] \{X\}_2 = \begin{Bmatrix} 1 \\ 1.618 \end{Bmatrix}^T \begin{bmatrix} 1 & 0 \\ 0 & 1 \end{bmatrix} m \begin{Bmatrix} 1 \\ -0.618 \end{Bmatrix} = 0$$

$$\{X\}_2^T [M] \{X\}_1 = \begin{Bmatrix} 1 \\ -0.618 \end{Bmatrix}^T \begin{bmatrix} 1 & 0 \\ 0 & 1 \end{bmatrix} m \begin{Bmatrix} 1 \\ 1.618 \end{Bmatrix} = 0$$

验证振型关于刚度矩阵的正交性：

$$\{X\}_1^T [K] \{X\}_2 = \begin{Bmatrix} 1 \\ 1.618 \end{Bmatrix}^T \begin{bmatrix} 2 & -1 \\ -1 & 1 \end{bmatrix} k \begin{Bmatrix} 1 \\ -0.618 \end{Bmatrix} = 0$$

$$\{X\}_2^T [K] \{X\}_1 = \begin{Bmatrix} 1 \\ -0.618 \end{Bmatrix}^T \begin{bmatrix} 2 & -1 \\ -1 & 1 \end{bmatrix} k \begin{Bmatrix} 1 \\ 1.618 \end{Bmatrix} = 0$$

可见，满足振型的正交性条件。

2.4.3　自振周期和振型的近似计算

实施振型分解就需要知道结构体系的频率以及相应的振型，从理论上讲，它们可通过解频率方程得到。但当体系的质点数多于三个时,一般无法直接得到其解析表达式,可以采用数值分析方法求解,手算相对麻烦,一般需借助软件,如 MATLAB 软件等求解。工程实践的另一种思路是可借助一些基本概念推导近似实用的计算方法,能量法,也称为瑞雷法就是其中的一种。这种方法是根据体系在振动过程中能量守恒原理导出的,即一个无阻尼的自由度弹性体系作自由振动时,其总能量(变形能与动量之和)在任意时刻均保持不变。

假设 $\lambda_r = \omega_r^2$ 和 $\{X\}_r$ 分别为第 r 个特征值和特征向量,则有

$$[K]\{X\}_r = \lambda_r [M]\{X\}_r = \omega_r^2 [M]\{X\}_r \tag{2-66}$$

同时左乘 $\frac{1}{2}\{X\}_r^T$,得

$$\frac{1}{2}\{X\}_r^T[K]\{X\}_r = \frac{1}{2}\omega_r^2\{X\}_r^T[M]\{X\}_r \tag{2-67}$$

式(2-67)左端、右端分别表示体系以第 r 个振型自由振动时的最大位能、最大动能,即该表达式说明了能量守恒原理。

如假设任意一个位移向量 $\{\overline{X}\}_r^T$,则

$$R(x) = \frac{\{\overline{X}\}_r^T[K]\{\overline{X}\}_r}{\{\overline{X}\}_r^T[M]\{\overline{X}\}_r} \tag{2-68}$$

R 被称为瑞雷商,与体系的质量、刚度矩阵有关,还和所假设的位移向量有关,如果选用的位移向量和体系的某一个特征向量相同,则为特征向量的特征值。

实际工程比较关心第一振型和基本频率,一般先选择一个大致接近于第一振型的近似值 $\{\overline{X}^{(0)}\}_1^T$,由此得到相应的各质点惯性力 $[M]\{\overline{X}^{(0)}\}_1^T$,将其作为静力再求出各质点的位移,从而得到第一振型的修正值 $\{\overline{X}^{(1)}\}_1^T$,如欲提高精度,可重复该过程进行演算,一般经过一至两次的迭代就可以得到较精确的解答。

工程实践证明,以各质点的重力荷载 G_i 水平作用于相应质点 i 上的弹性曲线 Δ_i 作为基本振型,完全符合工程精度要求,由此可得简便的体系基本频率近似计算公式为

$$\omega_1^2 = \frac{g\sum_{i=1}^n G_i\Delta_i^2}{\sum_{i=1}^n G_i\Delta_i} \tag{2-69}$$

基本周期为

$$T_1 = 2\pi\sqrt{\frac{\sum_{i=1}^n G_i\Delta_i}{g\sum_{i=1}^n G_i\Delta_i^2}} = 2\sqrt{\frac{\sum_{i=1}^n G_i\Delta_i}{\sum_{i=1}^n G_i\Delta_i^2}} \tag{2-70}$$

如能将多质点体系等效为一个单质点体系,则基本周期的计算更为简便。在等效过程中,单质点体系自由振动的最大动能与原多质点体系自由振动的最大动能相等,其实这也需假设一条接近第一振型的弹性曲线。对于质量分布比较均匀的情况,可以用竖向悬臂梁模拟,假设其变形呈现弯曲剪切型的特点,将其在水平均布荷载作用下的变形曲线作为第一振型,即可推导出基本周期与顶点位移的关系为

$$T_1 = 1.7\psi\sqrt{\Delta_G} \qquad (2\text{-}71)$$

式中　Δ_G——将重力荷载作为水平荷载时结构的顶点位移，m；

　　　　ψ——考虑其他因素的经验修正系数。

对于一般的高、多层建筑，式(2-71)可以非常便捷地求出基本周期，从而为简化应用反应谱理论求解地震作用创造条件，具体内容详见本书第 4 章关于底部剪力法求解地震作用。

2.5　多自由度体系的地震反应与地震作用

2.5.1　振型分解法求解地震反应

如前所述，多自由度体系在地面运动作用下的运动方程为一互相耦联的微分方程组，这给计算带来了一定的困难，需要将微分方程组解耦成单独的微分方程，振型分解法的解题思路是：第一步，利用各振型相互正交的特性，将原来耦联的微分方程组变为若干互相独立的微分方程，从而使原来多自由度体系的动力计算变为若干个单自由度体系的问题；第二步，求得各单自由度体系的解；第三步，将各单自由度体系的解进行组合，从而可求得多自由度体系的地震反应。

为简单起见，先考虑两自由度体系。将质点 1 及 2 在地震作用下任意时刻的位移 $x_1(t)$ 及 $x_2(t)$ 用其两个振型的线性组合表示，即

$$x_1(t) = q_1(t)X_{11} + q_2(t)X_{12} \qquad (2\text{-}72)$$

$$x_2(t) = q_1(t)X_{12} + q_2(t)X_{22} \qquad (2\text{-}73)$$

这实际上是一个坐标变换公式，原来的变量 $x_1(t)$ 和 $x_2(t)$ 变换为 $q_1(t)$ 和 $q_2(t)$。由于体系的振型是唯一确定的，故当 $q_1(t)$ 和 $q_2(t)$ 确定后，质点的位移 $x_1(t)$ 和 $x_2(t)$ 将随之确定。也可以这样理解：体系的位移可看作是由各振型分别乘以相应的组合系数 $q_1(t)$ 和 $q_2(t)$ 后叠加而成，这种方法是将实际位移按振型加以分解，故称为振型分解法。

对于多自由体系，可写成矩阵形式，即

$$\{x(t)\} = [X]\{q(t)\} \qquad (2\text{-}74)$$

式中，$[X] = [\{X\}_1 \{X\}_2 \cdots \{X\}_n] = \begin{bmatrix} X_{11} & X_{21} & \cdots & X_{n1} \\ X_{12} & X_{22} & \cdots & X_{n2} \\ \vdots & \vdots & & \vdots \\ X_{1n} & X_{2n} & \cdots & X_{nn} \end{bmatrix}$ 为振型矩阵；振型矩阵中的

第 i 列向量 $\{X\}_i$ 即为体系的第 i 个振型。$\{x(t)\}=\begin{Bmatrix} x_1(t) \\ x_2(t) \\ \vdots \\ x_n(t) \end{Bmatrix}$ 为位移向量；$\{q(t)\}=$

$\begin{Bmatrix} q_1(t) \\ q_2(t) \\ \vdots \\ q_n(t) \end{Bmatrix}$ 为广义坐标向量。

在地面运动加速度作用下，体系的运动方程为

$$[M]\{\ddot{x}(t)\}+[C]\{\dot{x}(t)\}+[K]\{x(t)\}=-[M]\{I\}\ddot{x}_g(t) \tag{2-75}$$

将上式代入，并左乘振型向量 $\{X\}_j^{\mathrm{T}}$，得

$$\{X\}_j^{\mathrm{T}}[M][X]\{\ddot{q}(t)\}+\{X\}_j^{\mathrm{T}}[C][X]\{\dot{q}(t)\}+\{X\}_j^{\mathrm{T}}[K][X]\{q(t)\}=-\{X\}_j^{\mathrm{T}}[M]\{I\}\ddot{x}_g(t)$$

$$\tag{2-76}$$

左端第一项为

$$\{X\}_j^{\mathrm{T}}[M][X]\{\ddot{q}(t)\}=\{X\}_j^{\mathrm{T}}[M][\{X\}_1\{X\}_2\cdots\{X\}_n]\begin{Bmatrix} \ddot{q}_1(t) \\ \ddot{q}_2(t) \\ \vdots \\ \ddot{q}_n(t) \end{Bmatrix}$$

$$=\{X\}_j^{\mathrm{T}}[M]\{X\}_1\ddot{q}_1(t)+\{X\}_j^{\mathrm{T}}[M]\{X\}_2\ddot{q}_2(t)+\cdots+\{X\}_j^{\mathrm{T}}[M]\{X\}_n\{\ddot{q}_n(t)\}$$

$$=\{X\}_j^{\mathrm{T}}[M]\{X\}_j\ddot{q}_j(t)$$

上式化简过程中利用了振型关于质量矩阵的加权正交性。

类似地，利用振型关于刚度矩阵的加权正交性，可推导得到

$$\{X\}_j^{\mathrm{T}}[K][X]_1\{q(t)\}=\{X\}_j^{\mathrm{T}}[K]\{X\}_j q_j(t)=\omega_j^2\{X\}_j^{\mathrm{T}}[M]\{X\}_j q_j(t)$$

一般采用瑞雷阻尼假定，即阻尼矩阵也能满足正交条件，便于消除振型之间的耦合，这样左端第二项可简化为

$$\{X\}_j^{\mathrm{T}}[C][X]\{\dot{q}(t)\}=\{X\}_j^{\mathrm{T}}(\alpha_0[M]+\alpha_1[K])[X]\{\dot{q}(t)\}=(\alpha_0+\alpha_1\omega_j^2)\{X\}_j^{\mathrm{T}}[M]\{X\}_j\dot{q}_j(t)$$

可见原微分方程组变成了若干个微分方程，并除以系数，得

$$\ddot{q}_j(t)+(\alpha_0+\alpha_1\omega_j^2)\dot{q}_j(t)+\omega_j^2 q_j(t)=-\gamma_j\ddot{x}_g(t) \tag{2-77}$$

其中

$$\gamma_j=\frac{\{X\}_j^{\mathrm{T}}[M]\{I\}}{\{X\}_j^{\mathrm{T}}[M]\{X\}_j}=\frac{\sum\limits_{i=1}^{n}m_i X_{ji}}{\sum\limits_{i=1}^{n}m_i X_{ji}^2} \tag{2-78}$$

γ_j 称为地震反应中第 j 振型的参与系数，它满足如下性质

$$\sum_{j=1}^{n} \gamma_j X_{ji} = \sum_{j=1}^{n} X_{ji} \frac{\sum_{i=1}^{n} m_i X_{ji}}{\sum_{i=1}^{n} m_i X_{ji}^2} = 1 \tag{2-79}$$

瑞雷阻尼假定中的两个系数 α_0 及 α_1 满足

$$\alpha_0 + \alpha_1 \omega_j^2 = 2\xi_j \omega_j \tag{2-80}$$

一般情况下,系数 α_0 及 α_1 可通过体系第一振型及第二振型的频率及阻尼比确定,由 $\alpha_0 + \alpha_1 \omega_1^2 = 2\xi_1 \omega_1, \alpha_0 + \alpha_1 \omega_2^2 = 2\xi_2 \omega_2$ 可得

$$\alpha_0 = \frac{2\omega_1 \omega_2 (\xi_1 \omega_2 - \xi_2 \omega_1)}{\omega_2^2 - \omega_1^2}, \quad \alpha_1 = \frac{2(\xi_2 \omega_2 - \xi_1 \omega_1)}{\omega_2^2 - \omega_1^2} \tag{2-81}$$

则解耦的第 j 个广义坐标运动方程

$$\ddot{q}_j(t) + 2\xi_j \omega_j \dot{q}_j(t) + \omega_j^2 q_j(t) = -\gamma_j \ddot{x}_g(t) \tag{2-82}$$

式中 ξ_j——第 j 振型的振型阻尼比。

依次取 $j=1,2,\cdots,n$,可得 n 个独立的微分方程,每一个方程中仅含有一个未知量 $q_j(t)$,该方程与单自由度体系的方程类似,从而可运用单自由度体系的地震反应,即杜哈美积分求解:

$$q_j(t) = -\frac{\gamma_j}{\omega_j} \int_0^t \ddot{x}_g(\tau) e^{-\xi_j \omega_j(t-\tau)} \sin \omega_j'(t-\tau) d\tau \tag{2-83}$$

或

$$q_j(t) = \gamma_j \Delta_j(t) \tag{2-84}$$

式(2-84)中,得

$$\Delta_j(t) = -\frac{1}{\omega_j} \int_0^t \ddot{x}_g(\tau) e^{-\xi_j \omega_j(t-\tau)} \sin \omega_j'(t-\tau) d\tau \tag{2-85}$$

可见,$\Delta_j(t)$ 相当于阻尼比 ξ_j、自振频率 ω_j 的单质点体系在地震作用下的位移反应,这个单质点体系称为与振型 j 相应的振子。

求得各振型的广义坐标 $q_j(t), j=1,2,\cdots,n$ 后,就可求出原体系各质点的位移反应,即

$$x_i(t) = \sum_{j=1}^{n} q_j(t) X_{ji} = \sum_{j=1}^{n} \gamma_j \Delta_j(t) X_{ji} \tag{2-86}$$

显然,振型分解法对计算多质点体系的地震位移反应十分简便,是第4章所述时程分析法的基础。同时,振型分解的思路也为按反应谱理论计算多质点体系的地震作用提供了方便条件。

2.5.2 振型分解反应谱法

对于工程实践而言,采用振型分解反应谱法求解地震反应稍显复杂且运用不便,考虑到工程抗震设计时更关心反应的最大值,采用单自由度体系的反应谱理论实用性更强。为此,对多自由度体系也可采用这种思路求解地震作用,即在振型分解法的基础上结合运用反应谱理论。

由 $\sum\limits_{j=1}^{n}\gamma_j X_{ji}=1$ 知，$\ddot{x}_{\mathrm{g}}(t)=\ddot{x}_{\mathrm{g}}(t)\sum\limits_{j=1}^{n}\gamma_j X_{ji}=\sum\limits_{j=1}^{n}\gamma_j X_{ji}\ddot{x}_{\mathrm{g}}(t)$。

由 $x_i(t)=\sum\limits_{j=1}^{n}\gamma_j X_{ji}\Delta_j(t)$ 得，$\ddot{x}_i(t)=\sum\limits_{j=1}^{n}\gamma_j \ddot{\Delta}_j(t) X_{ji}$。

i 质点的地震作用为

$$F_i(t)=-m_i[\ddot{x}_{\mathrm{g}}(t)+\ddot{x}_i(t)]=-m_i\sum_{j=1}^{n}\gamma_j X_{ji}[\ddot{x}_{\mathrm{g}}(t)+\ddot{\Delta}_j(t)]=\sum_{j=1}^{n}F_{ji}(t)$$

(2-87)

式中　$F_{ji}(t)$——j 振型 i 质点的地震作用，$F_{ji}(t)=-m_i\gamma_j X_{ji}[\ddot{x}_{\mathrm{g}}(t)+\ddot{\Delta}_j(t)]$。

应用反应谱理论知，j 振型 i 质点的最大地震作用可表示为

$$F_{ji\max}=\frac{|\ddot{x}_{\mathrm{g}}(t)+\ddot{\Delta}_j(t)|_{\max}}{g}\gamma_j X_{ji}G_i=\alpha_j\gamma_j X_{ji}G_i$$

(2-88)

式中　α_j——对应于 j 振型周期 $T_j=\dfrac{2\pi}{\omega_j}$ 的地震影响系数。

解耦后的 j 振型为单自由度体系，利用单自由度体系的反应谱求得对应于 j 振型各质点的最大水平地震作用，作为等效的静力去求出该振型相应的地震作用效应。

工程关心的是结构的地震作用效应，而非某振型的地震作用效应，这就需要将各振型相应的地震作用效应进行组合。几种常用的组合方法如下：

1. 绝对值相加法

假设所有振型的最大值都发生在相同时刻，通过绝对值相加对振型进行组合。实际上，同一时刻基本上不会在所有模态上均发生最大值，这种组合方法过于保守。

2. 平方和开平方法（Square Root of Sum of Squares，简称 SRSS 法）

假设所有模态的最大值在统计上相互独立，通过求各振型最大值的平方和平方根进行组合，即不考虑各振型存在耦合效应。这是我国现行抗震规范所采用的振型组合方式之一。即

$$S=\sqrt{\sum_{j=1}^{n}S_j^2}$$

(2-89)

式中　S——地震作用的效应；

　　　S_j——j 振型地震作用的效应。

3. 完全平方根组合法（Complete Quadratic Combination，简称 CQC 法）

这种方法以随机振动理论为基础，考虑了因振型阻尼引起的相邻振型耦合效应，比 SRSS 法相对合理。当忽略振型阻尼，就回到了 SRSS 法。我国现行抗震规范规定，如果结构的扭转效应比较明显且振型间存在较强的耦合时，一般采用这种振型组合方式。

$$S=\sqrt{\sum_{j=1}^{m}\sum_{k=1}^{m}\rho_{jk}S_j S_k}$$

(2-90)

式中　S_j、S_k——j、k 振型地震作用标准值的效应；

　　　　ρ_{jk}——j、k 振型的耦联系数，与 j、k 振型的阻尼、j、k 振型的周期比相关。

4. 通用模态组合法（General Modal Combination，简称 GMC 法）

这种方法与 CQC 法相似，考虑了模态之间的统计耦合，还考虑了具有刚性反应内容的模式之间的关系，需要指定两个频率用来定义地面运动的刚性反应，并假定所有模态的刚性反应部分完全关联。

本章小结

地震反应分析的发展经历了静力理论阶段、准动力（反应谱）理论阶段和动力分析理论阶段，在这个过程中人们逐渐认识到考虑地震反应的动力特性的必要性和可能性。目前广泛采用的是以反应谱理论为主并辅以动力分析理论的方法，这是在计算技术的快速发展、强震观测记录和震害经验的大量积累情况下的必然和合理的选择。

所谓单质点体系，是指可以将结构参与振动的全部质量集中于一点，用无质量的弹性直杆支承于地面的体系。在地震作用下，弹性恢复力、阻尼力和惯性力形成平衡关系，其中阻尼力一般采用黏滞阻尼理论，即假定阻尼力与速度成正比，其方向与速度的方向相反。自由振动表示无外激励的情况，运动特征为按指数函数衰减的简谐振动，由于结构阻尼的作用，自由振动很快就衰减；强迫振动表示在地面运动加速度作用下的结构反应，其位移可以用杜哈美（Duhamel）积分表示，除地面运动加速度直接影响体系地震反应的大小外，不同周期的单自由度体系，在相同的地面运动情况下会有不同的地震反应；同时阻尼比的大小对体系的地震反应也有直接的影响，阻尼比越大则反应越小。

所谓地震反应谱，是指具有某阻尼比的单自由度体系在地震作用下的最大反应与结构自振周期之间的关系，采用最多的是加速度反应谱，但不限于加速度反应谱，此外还有位移谱、速度谱等。现行抗震规范引入加速度反应谱进行结构抗震设计，将实际的地震反应谱加以统计、拟合和调整，从工程角度来说便于简化计算，抗震规范采用地震系数与动力放大系数乘积的方法得到加速度反应谱。地震系数是地面运动最大加速度（绝对值）与重力加速度之比，可按设防烈度确定；动力放大系数就是质点最大反应加速度与地面最大加速度之比，是和结构周期、场地的卓越周期密切相关的，一般包括中频段的放大区和两端的极限区三部分构成。

工程结构一般并不是单质点体系，抗震分析中多采用层间模型的多质点体系，每层楼面及屋面可作为一个质点。在地震作用下，根据各质点上的弹性恢复力、阻尼力和惯性力可以建立平衡方程，为多阶微分方程组。引入瑞雷（Rayleigh）阻尼假定，即阻尼矩阵为刚度矩阵、质量矩阵的线性组合，可将微分方程组解耦成微分方程，从而使原来多自由度体系的动力计算变为若干个单自由度体系的问题，这就是振型分解的基本思想。其中一个重要的物理概念是结构的周期(频率)与相应的振型,这是结构的自身动力特性,当体系按其各阶自振频率振动时,各质点的位移比值始终保持不变,这种特殊的振动形式通常称为主振型,振型具有关于刚度、质量矩阵正交性的特点。多质点体系的地震反应从而可表示为各振型有阻尼简谐振动的线性组合。

对于工程实践而言,采用振型分解反应谱法求得对应于 j 振型各质点的最大水平地震作用,作为等效的静力再去求出该振型相应的地震作用效应。将各振型相应的地震作用效应进行组合,从而得到结构的地震反应。我国现行抗震规范所采用的平方和开平方法(Square Root of Sum of Squares,简称 SRSS 法)、完全平方根组合法(Complete Quadratic Combination,简称 CQC 法)等。SRSS 法假设所有模态的最大值在统计上相互独立,不考虑各振型存在耦合效应;CQC 法则考虑了因振型阻尼引起的相邻振型耦合效应,如果结构的扭转效应比较明显且振型间存在较强的耦合时,一般采用这种振型组合方式。

思考题

1. 什么是地震作用?什么是地震反应?

2. 试列举几种实际结构动力计算简图的简化方法。

3. 质点数与自由度数是否相同?结构自由度数与超静定次数是否相同?

4. 请写出单自由度体系的运动方程,并对方程中各项的物理意义做出解释。

5. 有阻尼自振频率与无阻尼自振频率有何关系?

6. 临界阻尼系数的物理意义是什么?

7. 什么是地震反应加速度反应谱?什么是设计反应谱?请解释两者之间的关系。

8. 动力系数的物理意义是什么?

9. 简述主振型的定义及其物理意义。

10. 试用矩阵形式写出振型关于质量矩阵和刚度矩阵正交的表达式。

11. 试述多自由度体系地震反应振型分解法的求解步骤。

12. 振型参与系数是如何定义的?

第 3 章

抗震概念设计

学习目标

掌握地震烈度的分布,理解"小震不坏、中震可修、大震不倒"的抗震设防目标;掌握建筑场地分类方法和地基液化的判别方法,了解地基基础的加固方法;了解结构类型及抗震等级,掌握结构规则性要求、多道抗震体系等结构布置基本原则;掌握不同类型的结构整体性要求及构件耗能能力要求;了解非结构构件抗震设计的基本原则;了解隔震、消能减震等抗震新技术的思路。

思政目标

认识结构抗震是一个具有人文含义的命题,"小震不坏,中震可修,大震不倒",抗震设防的出发点就是通过切实可行的技术手段实施工程抗震,着力于从源头减少或者减轻人员伤亡和社会损失等的致灾后果,强调人民安全,践行总体国家安全观。

所谓建筑抗震概念设计(Seismic Concept Design of Buildings),是指根据地震灾害和工程经验等形成的基本设计原则和设计思想,进行建筑和结构总体布置并确定细部构造的过程。概念设计的依据是震害和工程经验所形成的基本设计原则和思想,设计内容包括建筑体形、结构体系布置和抗震构造设计等。作为抗震设计的第一个层面,概念设计强调根据抗震设计的基本原则,综合考虑建筑场地选择、建筑体形(平、立面)、结构体系、刚度分配、构件延性等方面,在总体上消除薄弱环节,再加上必要的计算和构造措施,保证结构良好的抗震性能。

强调概念设计对于解决建筑结构抗震的重要性,主要原因有两个方面:一是地震输入有其不确定性,以现有的科技水平难以预估实际地震的发生时间、空间和强度,由于历史地震资料数量有限、地震地质背景不够清楚等原因导致设防烈度可能被低估,同时不同性质的地面运动对建筑物的破坏作用也不尽相同;二是结构分析方面也有其不准确性,因此不可能完全且充分考虑结构的空间作用、结构材料的性质,特别是结构的弹塑性性质、阻尼变化等因素,结构分析无法准确模拟其地震反应。

正是基于这个方面的考虑,概念设计的过程需要建筑师、结构工程师和其他工程师之间的密切配合。

3.1 抗震设防目标

3.1.1 抗震设防标准

地震,尤其是强烈地震的发生对建筑结构的安全提出了严重警示。汶川地震、玉树地震唤起了我们对地震破坏的深刻回忆,也使我们清楚地看到自 1976 年唐山地震以后我国所采取的抗震设防措施的有效性;而对比 2010 年 1 月的海地地震和 2010 年 2 月智利地震所造成的破坏情况,也反映出是否进行有效的工程抗震设防、是否具有并实施较完善的抗震救灾措施等方面的巨大反差。国内外的震害经验表明,在地震无法避免、对地震规律性的认识还很不足的情况下,通过切实可行的技术手段实施工程抗震是减轻地震灾害对建筑物的影响,减少人员伤亡和保障人民生命财产安全的最直接和最有效的措施。

工程抗震设防是以现有的科学水平和经济条件为前提,根据现有的震害经验资料和科学研究水平,最大限度地限制和减轻建筑物的地震破坏,保障人员安全和减少经济损失,符合国家法律法规的行为和过程。我国有关建筑的防震减灾法律法规,主要指《中华人民共和国城乡规划法》《中华人民共和国建筑法》《中华人民共和国防震减灾法》及相配套的各种技术性文件。

我国所采用的抗震设防目标是,当遭受低于本地区抗震设防烈度的多遇地震影响时,主体结构不受损坏或不需修理仍可继续使用;当遭受相当于本地区抗震设防烈度的设防地震影响时,可能发生损坏,但经一般性修理仍可继续使用;当遭受高于本地区抗震设防烈度的罕遇地震影响时,不致倒塌或发生危及生命的严重破坏。这也就是通常所说的"小震不坏、中震可修、大震不倒"的抗震设防目标。抗震规范同时规定,使用功能或其他方面有专门要求的建筑,当采用抗震性能化设计时,具有更具体或更高的抗震设防目标,这意味着适当考虑了国家经济条件发展对抗震设防标准的影响。

根据不同地区的地震烈度概率分析,中国地震动参数区划图编制所采用的风险水平为 50 年超越概率 10%。抗震规范采用了中国地震动参数区划图作为确定抗震设防烈度的基础资料,即设计基准期为 50 年超越概率为 10% 的地面运动加速度值作为设计地震动基本参数,这意味着在 50 年的使用期内,不超过该标准选定地震作用的发生概率为 90%,抗震设防烈度一般习惯称为中震。而相应于 50 年超越概率 63.2%、2% 的地震烈度为多遇地震(或习惯称为小震)、罕遇地震(或习惯称为大震)。此外,尚有极罕遇烈度的概念,超越概率定义为年为 0.01%(50 年内超越概率为 0.5%)。

抗震规范规定,对于抗震设防烈度为 6 度及以上地区的建筑必须进行抗震设计,对于 9 度以上地区的抗震设计则需要进行专门研究。这就是 6 度以上进行抗震设防的要求,意味着抗震设防区域涵盖了我国近八成地区。经统计调查发现,6 度区设防后尽管总体抗震水平较低,但其抗震能力仍有了较实质性的提高,对于减轻震害是有效的。

抗震规范给出了 6 度、7 度、8 度和 9 度的设计基本地震加速度值,见表 3-1,其中在 0.10g 和 0.20g 之间增加了一个 0.15g 的区域,在 0.20g 和 0.40g 之间增加了一个

0.30g 的区域,这仍对应于 7 度和 8 度的抗震设计要求。抗震规范同时还给出了场地特征周期值,见表 3-2,其中设计地震分组考虑了震源机制、震级大小和震中距等的影响,场地类别则是根据土层特性加以区分的,详见本章第 2 节。

表 3-1 抗震设防烈度和设计基本地震加速度值的对应关系

抗震设防烈度	6	7	8	9
设计基本地震加速度值	0.05g	0.10(0.15)g	0.20(0.30)g	0.40g

表 3-2 场地特征周期值 s

设计地震分组	场地类别				
	I_0	I_1	II	III	IV
第一组	0.20	0.25	0.35	0.45	0.65
第二组	0.25	0.30	0.40	0.55	0.75
第三组	0.30	0.35	0.45	0.65	0.90

3.1.2 地震烈度的概率分布

地震是引发建筑物震害的外因,因此进行抗震设防的第一步工作就是对结构使用寿命内地震的活动性、其地震动的强弱等特性进行合理的推测,这就需要在概率意义上对此进行分析,包括基于历史震害资料、强烈及中强地震记录、震级频度和烈度衰减规律等对地震发生的时间、空间、强度分布规律进行研究。鉴于地震发生的频繁性,工程抗震更加关心在一定时间内某地区可能遭受的最大地震影响问题。根据地震危险性的分析,一般认为某地区的地震烈度符合极限 III 型分布,其特点是假设最大的地震烈度是有上限的,这符合一般的工程常识(我国设定的最大烈度为 12 度),地震烈度的概率分布函数为

$$P(I) = e^{-\left(\frac{I_u - I}{I_u - I_\varepsilon}\right)^s}$$ (3-1)

式中 I_u——地震烈度上限,取 12;

I——地震烈度;

s——形状参数;

I_ε——众值烈度。

由式(3-1)可得地震烈度的概率密度函数。

$$p(I) = \frac{s(I_u - I)^{s-1}}{(I_u - I_\varepsilon)^s} e^{-\left(\frac{I_u - I}{I_u - I_\varepsilon}\right)^s}$$ (3-2)

由概率密度函数曲线图(图 3-1)可见,其峰值对应的就是发生频度最大的地震,即众值烈度,一般也被称为小震或多遇地震。由 $I = I_\varepsilon$,得到 $P(I_\varepsilon) = e^{-1} = 36.8\%$,即得到基准期内发生不超过众值烈度(或发生小震以下烈度)的概率为 36.8%,或基准期内发生超过众值烈度的概率为 $P(I > I_\varepsilon) = 1 - P(I_\varepsilon) = 63.2\%$,相应地,基本烈度或中震、罕遇烈度或大震的基准期内超越概率为 10%、2%。

根据对华北、西南、西北地区 45 个城镇的概率分析,基本烈度与众值烈度的平均差值为 1.55 度,大震烈度比基本烈度高一度左右,这符合上述地震烈度概率分布的平均意义。

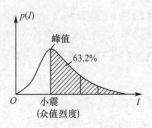 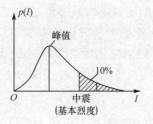 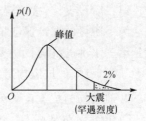

图 3-1 概率密度函数曲线图

有时,也用地震重现周期来反映地震设防烈度的大小。一般假定地震发生符合泊松(Poisson)过程,即在基准期内发生地震的事件是相互独立的,则可由基准期 n 年内发生超过烈度 I_s 的超越概率得到其年超越概率,即

$$P_1(I>I_s)=1-(1-P_n(I>I_s))^{\frac{1}{n}} \tag{3-3}$$

式中,超越概率的下标 n 表示其基准期。

由年超越概率可得地震重现期,为 $\dfrac{1}{P_1(I>I_s)}$。

一般采用基准期 50 年超越概率 10% 来定义其基本烈度,这样可求出年超越概率为 0.21%,重现周期为 475 年;罕遇烈度(大震,罕遇地震),50 年超越概率为 2%,重现周期为 2 475 年;众值烈度(小震,多遇地震),50 年超越概率为 63.2%,重现周期为 50 年,与设计基准期一致,这也是小震烈度在抗震设计中使用最为频繁的原因之一。

各种超越概率下的地震重现期见表 3-3,可见地震重现周期随着基准期增加而增加,地震重现周期随着超越概率增加而减少。在超越概率为 63.2% 的情况下,基准期与地震重现期一致。

表 3-3 超越概率、基准期与地震重现周期的关系

超越概率/%	基准期/年					
	10	20	30	40	50	100
0.5	2 000	4 000	6 000	8 000	10 000	20 000
2	495	990	1 485	1 980	2 475	4 950
10	95	190	285	390	475	950
50	15	29	44	58	72	145
63.2	10	20	30	40	50	100

3.1.3 小震不坏、中震可修、大震不倒

1. 两阶段的抗震设计

在进行建筑抗震设计时,原则上应满足上述三水准的抗震设防要求,也就是俗称的"小震不坏、中震可修、大震不倒"。在具体做法上,我国抗震规范采用了简化的两阶段设计方法,具体如下:

第一阶段设计:按多遇地震烈度对应的地震作用效应和其他荷载效应的组合验算结构构件的承载能力和弹性变形。

第二阶段设计：按罕遇地震烈度对应的地震作用效应验算结构的弹塑性变形。

第一阶段的设计保证了第一水准的抗震设防要求；第二阶段的设计，则旨在保证结构满足第三水准的抗震设防要求，如何保证第二水准的抗震设防要求目前还在研究之中。一般认为，良好的抗震构造措施有助于第二水准要求的实现。

2. 建筑物的抗震设防分类

对于不同建筑物，地震造成的破坏后果也不相同，有必要根据建筑用途加以区分。《建筑工程抗震设防分类标准》（GB 50223—2008）根据建筑使用功能的重要性、在地震中和地震后建筑物的损坏对社会和经济产生的影响大小以及在抗震防灾中的作用，将建筑物划分为四个设防类别：

（1）特殊设防类，是指使用上有特殊设施，涉及国家公共安全的重大建筑和地震时发生严重次生灾害等特别重大灾害后果，需要进行特殊设防的建筑。简称甲类。

（2）重点设防类，是指地震中使用功能不能中断或需迅速恢复的生命线相关建筑物，以及地震时可能导致大量人员伤亡等重大灾害后果需要提高设防标准的建筑。简称乙类。

（3）标准设防类，是指除特殊设防、重点设防、适度设防以外按标准要求进行设防的建筑。简称丙类。

（4）适度设防类，是指使用上人员稀少且震损后不致产生次生灾害，允许在一定条件下降低要求的建筑。简称丁类。

3. 不同类建筑的抗震设防标准

设防类别的划分主要侧重于使用功能和灾害后果的区分，强调体现对人员安全的保障，着眼于把财力、物力用在提高结构薄弱环节部位的抗震能力上，是经济而有效的方法。各抗震设防类别建筑的设防标准，应符合以下要求：

（1）特殊设防类（甲类建筑）：应按高于本地区抗震设防烈度一度的要求加强其抗震措施，但抗震烈度为9度时应比9度更高的要求采取抗震措施。同时，应按批准的地震安全性评价结果且高于本地区抗震设防烈度的要求确定其地震作用。

（2）重点设防类（乙类建筑）：应按高于本地区抗震设防烈度一度的要求加强其抗震措施，但抗震烈度为9度时应比9度更高的要求采取抗震措施。同时，应按本地区抗震设防烈度确定其地震作用。

（3）标准设防类（丙类建筑）：应按本地区抗震设防烈度确定其抗震措施和地震作用，达到在遭遇高于当地抗震设防烈度的预估罕遇地震影响时不致倒塌或发生危及生命安全的严重破坏的抗震设防目标。

（4）适度设防类（丁类建筑）：允许比本地区设防烈度要求适当降低其抗震措施，但抗震设防烈度为6度时不降低。一般情况下，应按本地区抗震设防烈度要求确定其地震作用。

（5）抗震设防烈度为6度时，除特殊要求外，一般情况下对乙类、丙类和丁类建筑可不进行地震作用计算。

3.1.4　抗震性能化设计

1. 抗震性能化设计的主要思想

抗震规范提出了"小震不坏、中震可修、大震不倒"抗震设防目标,明确要求大震下不发生危及生命的严重破坏,即达到保证生命安全的目的,属于一般性的抗震设计目标;此外还提出了建筑抗震性能设计的目标,即需要综合考虑使用功能、设防烈度、结构的不规则程度和类型、结构发挥延性变形的能力、造价、震后的各种损失及修复难度等因素,区别处理不同的性能设计目标。

建筑的抗震性能化设计,立足于承载力和变形能力的综合考虑,可以针对整个结构,也可以针对某些部位或关键构件,灵活运用各种措施达到预期的目标,即着重提高抗震安全性或满足使用功能的专门要求。鉴于地震具有很大的不确定性,性能化设计需要估计各种水准的地震影响,包括考虑近场地震的影响。抗震规范的地震水准是按50年设计基准期确定的,与结构设计使用年限一致。对于设计使用年限不同于50年的结构,其地震作用需要做适当调整,可参考《建筑工程抗震性态设计通则(试用)》(CECS 160:2004)的附录A。

建筑结构遭遇各种水准的地震影响时,其可能的损坏状态和继续使用的可能,与建设部关于建筑地震破坏等级的划分标准一致,总体上可分为基本完好(含完好)、轻微破坏、中等破坏、严重破坏、倒塌五个等级(表 3-4),不同地震水准下的结构抗震预期性能目标大致归纳见表3-5。

表 3-4　　　　　　　　　　　　结构抗震性能的不同等级

名称	破坏描述	继续使用的可能性	变形参考值
基本完好(含完好)	承重构件完好,个别非承重构件轻微破坏,附属构件有不同程度破坏	一般不需修理即可继续使用	$<[\Delta u_e]$
轻微破坏	个别承重构件轻微裂缝(或残余变形),个别非承重构件明显破坏,附属构件有不同程度破坏	不需修理或需稍加修理,仍可继续使用	$(1.5\sim2)[\Delta u_e]$
中等破坏	多数承重构件轻微裂缝(或残余变形),部分明显裂缝(或残余变形),个别非承重构件严重破坏	需一般修理,采取安全措施后可适当使用	$(3\sim4)[\Delta u_e]$
严重破坏	多数承重构件严重破坏或部分倒塌	应排险大修,局部拆除	$<0.9[\Delta u_p]$
倒塌	多数承重构件倒塌	需拆除	$>[\Delta u_p]$

注:个别指5%以下,部分指30%以下,多数指50%以上。中等破坏的变形参考值,大致取抗震规范弹性和弹塑性角限值的平均值,轻微破坏取1/2平均值。

表 3-5　　　　　　　　　　不同地震水准下的结构抗震预期性能目标

地震水准	性能1	性能2	性能3	性能4
多遇地震	完好	完好	完好	完好
设防地震	完好,正常使用	基本完好,检修后继续使用	轻微损坏,简单修理后继续使用	轻微至中等损坏,变形$<3[\Delta u_e]$
罕遇地震	基本完好,检修后继续使用	轻微至中等损坏,修理后继续使用	其破坏需加固后继续使用	接近严重破坏,大修后继续使用

2. 抗震性能化设计的具体指标

将上述性能目标落实到具体设计指标，即各个地震水准下构件的承载力、变形和细部构造的指标。性能设计目标往往侧重于通过提高承载力推迟结构进入塑性工作阶段并减少塑性变形，具体的描述如下：

(1)完好，即所有构件保持弹性阶段，各种承载力满足抗震规范对抗震承载力的要求，层间变形(以弯曲变形为主的结构宜扣除整体弯曲变形)满足多遇地震下的位移限值。这就是多遇地震下的基本要求——承载能力和弹性变形。

(2)基本完好，即构件基本保持弹性阶段，各种承载力基本满足抗震规范对抗震承载力的要求(其中的效应不含抗震等级的调整系数)，层间变形可能略微超过弹性变形限值。

(3)轻微损坏，即结构构件可能出现轻微的塑性变形，但达不到屈服状态，按材料标准值计算的承载力大于作用标准组合的效应。

(4)中等破坏，结构构件出现明显的塑性变形，但控制在一般加固即可恢复使用的范围。

(5)接近严重破坏，结构关键的竖向构件出现明显的塑性变形，部分水平构件可能失效需要更换，经过大修加固可恢复使用。

3.1.5 抗震鉴定与加固

地震是至今无法人为有效预测的自然灾害，建筑物的破坏是造成地震灾害的主要原因。一旦在设防烈度较低的地区发生强烈地震，就会造成建筑物大量破坏或塌毁以及由此引发的人员伤亡。建筑抗震安全问题所涉及的对象，不仅仅局限于新建的建筑，还要包括已有建筑。已有建筑从服役到损伤破坏，房屋结构有其自身性能老化的规律，使用状况与原设计或竣工时可能发生变化，结构材料的实际强度可能有所变化，导致其结构受力状态发生明显变化，出现倾斜、开裂或局部倒塌等结构缺陷。我国实行以预防为主的减轻地震灾害方针，保证已有建筑物实现小震不坏、中震可修、大震不倒的抗震设防目标，抗震鉴定与加固是重要途径，即通过检查现有建筑的设计、施工质量和现状，按规定的抗震设防要求，对其在地震作用下的安全性进行评估，对不满足抗震要求的建筑物，结合其实际用途，采取必要的结构处理措施。1977年颁布第一版鉴定标准，四十余年的工程实践已经证明这是一个有效的策略。

2008年汶川地震造成了严重的房屋震害问题，引发了全社会对中小学的学校建筑抗震问题的高度关注。2009年6月，中小学校舍安全工程正式启动，在全国范围内逐步开展学校校舍的抗震排查、鉴定和加固改造工作，使其达到乙类(重点设防类)的抗震设防标准。四川灾区结合教育设施的总体规划，根据拆除、加固、新建相结合的原则，三年内基本完成了校舍安全工程，集中消除中小学建筑的结构安全隐患，重点重建整体出现险情的D级危房、改造加固局部出现险情的C级校舍。2013年4月20日四川省雅安市芦山县发生了M7.0级地震，通过这次真实的检验，中小学校舍安全工程在迁移避险、提高综合防灾能力方面发挥了巨大的社会和经济效益，这是已有建筑抗震鉴定与加固的又一次成功案例。

1976年发生了唐山地震，1977年编制了《工业与民用建筑抗震鉴定标准》(TJ 23-77)，包括多层砖房、内框架房屋、单层钢筋混凝土厂房、多层钢筋混凝土框架房屋、单层空旷厂房与单层砖柱厂房、旧式木房、砖木房屋、农村房屋、烟囱与水塔等,这反映了当时国家高度重视地震震害,减轻已有建筑地震影响的思路,这种做法在国际上也是首创。之后,《建筑抗震鉴定标准》(GB 50023-95)、上海市工程建设规范《现有建筑抗震鉴定与加固规程》(DBJ 08-81-2000)、《建筑抗震鉴定标准》(GB 50023-2009)、《建筑抗震加固技术规程》(JGJ 116-2009)、上海市工程建设规范《现有建筑抗震鉴定与加固规程》(DGJ 08-81-2015,J10016-2014)等相继颁布或者更新,均与抗震设计规范相匹配,涵盖已投入使用的现有建筑,延续了重视提高已有建筑抗震能力的一贯做法。

现有建筑进行抗震鉴定和加固,主要分为三类情况。第一类是使用年限在设计基准期内且设防烈度不变,但原规定的抗震设防类别提高的建筑;第二类是虽然抗震设防类别不变,但现行的区划图设防烈度提高后又使之可能不符合相应设防要求的建筑,原设计未考虑抗震设防或抗震设防要求提高;第三类是设防类别和设防烈度同时提高的建筑,需要改变结构的用途和使用环境。

在抗震鉴定和加固中提出了后续使用年限的概念,即在未来一段时期内,建筑不需要重新鉴定和相应加固就能按预期目标使用,完成预定的功能,根据现有建筑设计建造年代及原设计依据规范的不同,将其后续使用年限划分为 30、40、50 年三个档次。同时,与新修订的《建筑工程抗震设防分类标准》(GB 50223)一致,现有建筑也划分为特殊设防类、重点设防类、标准设防类和适度设防类,不同设防类别的建筑具有相应的鉴定与加固要求。

现有建筑抗震鉴定针对已建各类建筑结构的特点、结构布置、构造和抗震承载力等因素,采用相应的两级鉴定方法做出评价,进行综合抗震能力分析。综合抗震能力是指按照结构不同的后续使用年限,综合考虑其构造和承载力等因素所具有的抵抗地震作用的能力。抗震鉴定采用筛选法的思路,第1级鉴定以宏观控制和构造鉴定为主进行综合评价,其内容与抗震设计规范的概念设计有着连续性,重点是建筑的平立面、质量、刚度分布和墙体等抗侧力构件的布置,检查结构体系、整体性及其易引起局部倒塌的部分,找出会导致整个体系丧失抗震能力或丧失对重力的承载能力的部件或构件;第2级鉴定以抗震验算为主,结合构件的连接构造影响进行综合评价,重点是对抗震性能有整体影响的构件,在综合抗震能力分析时考虑地震作用进行折减,这与抗震规范的计算分析原则一致,其中,体系影响系数和局部影响系数等主要根据唐山地震的大量资料统计、分析和归纳得到。当符合第1级鉴定要求时,可评为满足抗震要求,不再进行第2级鉴定,否则应由第2级鉴定进行判断。

对不符合鉴定要求的建筑,可根据其不符合要求的程度、部位对结构整体抗震性能影响的大小,以及有关的非抗震缺陷等实际情况,提出相应的结构处理对策。抗震加固是指针对有加固价值且易于加固或能够加固的建筑,在现有的经济技术条件下达到其最大可能达到的抗震安全要求。抗震加固规范与现行建筑抗震鉴定标准相配合,明确了不同后续使用年限的抗震加固要求,保持按综合抗震能力指数的加固方法,并增加了按设计规范方法进行加固的内容。

加固方案应根据抗震鉴定结果经综合分析后确定,对倾斜、开裂或局部倒塌等,应预先采取安全措施,结合维修改造、改善使用功能一并实施加固。采用房屋整体加固、区段加固或构件加固,注重抗震概念应用,增强结构的整体性,改善整体抗震性能,提高综合抗震能力,达到有效合理的加固目的。增设构件或者加强原构件,避免或减少损伤原结构构件,防止刚度和承载力的突变,减少扭转效应;加强薄弱部位的抗震构造,保证新增构件与原有构件之间应有可靠连接,注重新旧构件连接的细部构造,其中对于对抗震薄弱部位、易损部位和不同类型结构的连接部位,其承载力或变形能力宜采取比一般部位增强的措施。

总体而言,抗震鉴定与加固,在设防目标及地震作用效应分析、抗震构造措施等方面延续了抗震设计的总体思路。

3.2 场地与地基

场地一般指工程群体所在地,其范围大致相当于厂区、居民小区和自然村或不小于 1 km^2 的平面面积,除此之外,抗震规范对场地的定义还增加了具有相似反应谱特征的内容。地基则指位于结构基础之下作为持力层的土壤,支承着上部结构传来的各种荷载。可见,场地范围相对于建筑物地基范围要更大一些。对地基的要求是,在地震作用下地基不失效,其承载力不显著下降,从而保证上部结构物的正常使用要求和安全性要求。

3.2.1 建筑地段划分

选择建筑场地是工作的第一步,应在勘察阶段根据工程需要和地震活动情况、工程地质和地震地质的有关资料,对抗震有利、一般、不利和危险地段做出综合评价,见表 3-6。抗震设防区的建筑工程宜选择有利地段,避开不利地段,并不在危险地段建设,如无法避开不利地段应采取有效的措施。需引起注意的是,断裂带是地质构造上的薄弱环节,当场地内存在发震断裂带时,应对断裂的可能性和对建筑的影响进行评价,主要是指地震时老断裂带重新错动直通地表,在地面上产生错动,对建筑物的破坏不宜用工程措施加以处理。当断裂带的影响不能忽略时,应设置足够的发震断裂的最小避让距离。

表 3-6 抗震有利、一般、不利和危险地段的划分

地段类别	地质、地形、地貌
有利地段	稳定基岩,坚硬土,开阔、平坦、密实、均匀的中硬土等
一般地段	不属于有利、不利和危险地段的其他地段
不利地段	软弱土,液化土,条状突出的山嘴,高耸孤立的山丘,陡坡、陡坎,河岸和边坡的边缘,平面分布上成因、岩性、状态明显不均匀的土层(含故河道、疏松的断层破碎带、暗埋的塘浜沟谷和半填半挖地基),高含水量的可塑黄土,地表存在结构性裂缝等
危险地段	地震时可能发生滑坡、崩塌、地陷、地裂、泥石流等及发震断裂带上可能发生地表错位的部位

3.2.2 建筑场地分类

一般而言,场地土对结构的影响表现在两个方面:一是场地土的类型,即其软硬程度,软土地基上建筑物的震害一般要重一些;二是场地覆盖土层的厚度,即在受地震影响较小

的硬土上的土层厚度,位于深覆盖层厚度上建筑物的震害明显要重。抗震设计时应使建筑物的自振周期避开场地卓越周期,以避免发生类共振破坏现象。

1. 场地土类型

场地土的类型是根据土层本身的刚度特性区分的,一般根据土层的剪切波速予以区分,见表 3-7。对于不太重要的建筑,当缺乏实测剪切波速数据时,可以参考岩土的名称和形状来划分。尤其对于浅层岩土的分类,应以现场实测的波速值来确定。

表 3-7 土的类型划分和剪切波速范围

土的类型	岩土名称和性状	土层剪切波速范围/$(m \cdot s^{-1})$
岩石	坚硬、较硬且完整的岩石	$v_s > 800$
坚硬土或软质岩石	破碎和较破碎的岩石或软和较软的岩石,密实的碎石土	$800 \geqslant v_s > 500$
中硬土	中密、稍密的碎石土;密实、中密的砾、粗、中砂;$f_{ak} > 150$ 的黏性土和粉土,坚硬黄土	$500 \geqslant v_s > 250$
中软土	稍密的砾,粗、中砂;除松散外的细、粉砂;$f_{ak} \leqslant 150$ 的黏性土和粉土,$f_{ak} > 130$ 的填土,可塑新黄土	$250 \geqslant v_s > 150$
软弱土	淤泥和淤泥质土,松散的砂,新近沉积的黏性土和粉土,$f_{ak} \leqslant 130$ 的填土,流塑黄土	$v_s \leqslant 150$

注:f_{ak} 为由静荷试验等方法得到的地基承载力特征值(kPa),v_s 为岩土剪切波速。

工程建设场地一般由各种类别土层构成,可按等效剪切波速来确定土的类型,即以剪切波在地面至计算深度各层土中传播的时间不变的原则来定义土层的平均剪切波速:

$$v_{se} = \frac{d_0}{t} \tag{3-4}$$

$$t = \sum_{i=1}^{n} \frac{d_i}{v_{si}} \tag{3-5}$$

式中　v_{se}——土层的等效剪切波速;

t——剪切波在地面至计算深度之间的传播时间;

d_0——计算深度,可取覆盖层厚度和 20 m 两者的较小值;

d_i——计算深度范围内第 i 土层的厚度;

v_{si}——计算深度范围内第 i 土层的剪切波速;

n——计算深度范围内土层的分层数。

2. 场地覆盖层厚度

场地覆盖层厚度是指地面至坚硬土顶面的距离。坚硬土是指剪切波速大于 500 m/s,且其下卧各层岩土的剪切波速均不小于 500 m/s 的土层,或者当地面 5 m 以下存在剪切波速大于其上部各土层剪切波速 2.5 倍的土层,且该层及其下卧各层的岩土的剪切波速均不小于 400 m/s 的土层。

建筑场地类别根据土层(等效)剪切波速和场地覆盖层厚度区分为 Ⅰ、Ⅱ、Ⅲ、Ⅳ四类,其中 Ⅰ 类分成 I_0、I_1 两小类,见表 3-8。

表 3-8 各类建筑场地的覆盖层厚度 m

等效剪切波速/(m·s^{-1})	场地类别				
	I$_0$	I$_1$	II	III	IV
$v_{se}>800$	0				
$800 \geqslant v_{se}>500$		0			
$500 \geqslant v_{se}>250$		<5	$\geqslant$5		
$250 \geqslant v_{se}>150$		<3	3~50	>50	
$v_{se} \leqslant 150$		<3	3~15	15~80	>80

【例 3-1】 已知某场地的地质钻孔资料,如图 3-2 所示,试确定该场地类别。

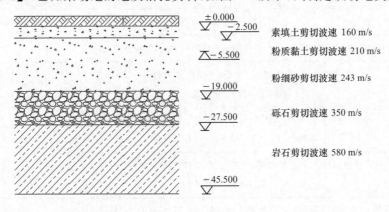

图 3-2 【例 3-1】土层示意图

【解】 由于砾石以下岩石层剪切波速大于 500 m/s,故覆盖层厚度为 27.5 m。

剪切波速的计算深度取覆盖层厚度和 20 m 之间的较小者,这里取 20 m。计算深度范围内各层土的计算深度为 2.5 m、3.0 m、13.5 m、1.0 m。

$$等效剪切波速\ v_{se} = \frac{d_0}{\sum\limits_{i=1}^{n} \dfrac{d_i}{v_{si}}} = \frac{20}{\dfrac{2.5}{160}+\dfrac{3.0}{210}+\dfrac{13.5}{243}+\dfrac{1.0}{350}} = 226.4\ \text{m/s}$$

根据覆盖层厚度、等效剪切波速查表,确定该场地类别为 II 类。

3.2.3 地基液化及其判别

1. 地基液化的概念

在地震作用下,地下水位以下饱和的砂土和粉土的颗粒因地震作用产生振动压密,由于不能及时排水而使孔隙水压力飙升,当孔隙水压力达到土粒间的有效压力时,土颗粒处悬浮状态,变成类似于液体的现象,故取名为"液化",如图 3-3 所示。液化的危害主要来自震陷,特别是不均匀震陷,震陷量主要取决于土层的液化程度和上部结构的荷载。图 3-4 为典型的地基液化震害情况(喷砂冒水),图 3-4(a)所示为 2011 年 2 月 22 日新西兰克莱斯特彻奇 6.3 级强烈地震发生后严重液化的道路,图 3-4(b)所示为 1999 年 9 月 21 日中国台湾集集 7.6 级强烈地震造成的地基液化现象。

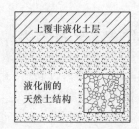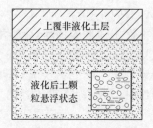

图 3-3　土液化示意图

(a)　　　　　　　　　　　　　　(b)

图 3-4　典型的地基液化震害情况(喷砂冒水)

　　地基液化是与土的类型(含水)、地震作用的强度相关的,受土层年代、土的组成和密实度、液化土层的埋深、地下水位、地震烈度和持续时间等因素影响。新近沉积的非黏性土容易发生液化;土体的抗液化能力与其相对密度成正比;埋深越大,越不容易液化;地下水位越低越不容易液化;发生过液化的场地在今后的地震中会重复出现液化;震级、烈度越大,地震持续时间越长,越容易液化,一般当烈度达到 7 度(0.10g)以上、地震作用持续时间超过 15 秒、地震作用循环次数达到 5~30 次/周以上时容易发生液化。

2. 液化的判别

液化的判别可分为初步判别和标准贯入试验判别两步进行。

(1)初步判别

满足下列条件之一者,应判为不液化:

①地质年代。第四纪晚更新世(Q_3)及以前,7 或 8 度时可判为不液化。

②黏粒含量。粉土的黏粒(粒径小于 0.005 mm 的颗粒)百分率大于 10%(7 度)、13%(8 度)、16%(9 度),可判为不液化。

③天然地基的建筑,设计基准期内年平均最高水位的地下水位深度 d_w 和上覆非液化土层厚度 d_u 符合:$d_u>d_0+d_b-2$ 或 $d_w>d_0+d_b-3$ 或 $d_u+d_w>1.5d_0+2d_b-4.5$ 时,可不考虑液化。其中:d_b 为基础埋置深度(m),不超过 2 m 时应采用 2 m;d_0 为液化土特征深度(m),按表 3-9 采用。

表 3-9　　　　　　　　　　　　　液化土特征深度 d_0　　　　　　　　　　　　　　m

烈度	7	8	9
粉土	6	7	8
砂土	7	8	9

（2）标准贯入试验判别

凡不符合初判不液化标准的场地，应采用标准贯入试验进一步判别，对一般基础判别深度为 15 m，对桩基与深基础要求判别的最大深度为 20 m。标准贯入试验是岩土工程勘察的一种原位测试方法。标准贯入试验设备由标准贯入器、触探杆和 63.5 kg 的穿心锤等部分组成。操作时，先将标准贯入器打入待试验的土层标高处，然后在锤的落距为 76 cm 的条件下，打入土层 30 cm，记录下的锤击数即为标贯值。由此可见，标贯值（锤击数）越大，说明土的密实程度越高，土层就越不容易液化。

液化两步判别法框图及标准贯入器的构造如图 3-5 所示。

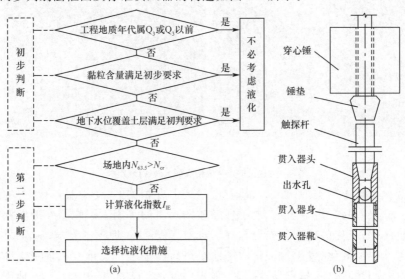

图 3-5　液化两步判别法框图及标准贯入器的构造

采用标准贯入试验的判别公式为

$$N_{63.5} < N_{cr} \tag{3-6}$$

式中　$N_{63.5}$——饱和砂土或饱和粉土中实测标准贯入锤击数（未经杆长修正）；

　　　　N_{cr}——液化判别标准贯入锤击数的临界值。

N_{cr} 经验公式为

$$N_{cr} = N_0 \beta \left[\ln(0.6 d_s + 1.5) - 0.1 d_w \right] \sqrt{\frac{3}{\rho_c}} \tag{3-7}$$

式中　N_0——贯入锤击数，对应于 7 度（0.10g）、7 度（0.15g）、8 度（0.20g）、8 度（0.30g）、9 度时，分别为 7、10、12、16、19；

　　　　β——调整系数，第一、二、三组设计地震分别取 0.80、0.95、1.05；

　　　　ρ_c——黏粒含量百分率，%，小于 3 或为砂土时取 3；

　　　　d_s、d_w——饱和土标准贯入点深度及地下水位深度。

3. 液化指数

建筑场地一般是由多层土组成的，其中一些土层被判别为液化，而另一些土层被判别为不液化，这是常常遇见的情况，即使多层土均被判别为液化，还需要进一步对液化可能性和危害程度进行定量评价。这里，引入液化指数

$$I_{lE} = \sum_{i=1}^{n} \left(1 - \frac{N_i}{N_{cri}}\right) d_i W_i \qquad (3-8)$$

式中 I_{lE}——液化指数；

n——在判别深度范围内每个钻孔标准贯入试验点的总数；

N_i、N_{cri}——i 点标准贯入锤击数的实测值、临界值，当实测值大于临界值时，应取临界值的数值；

d_i——i 点所代表的土层厚度，m；

W_i——i 点土层考虑单位土层厚度的层位影响权函数值，m^{-1}，当该层中点深度不大于 5 m 时，应采用10；等于 20 m 时，应采用0；当为 5～20 m 时，应按线性内插法取值。反映了液化土层离地表越近，危害程度越大的规律。

不同液化等级分类见表 3-10。

表 3-10　　　　　　　　不同液化等级分类

液化等级	轻微	中等	严重
液化指数	$0 < I_{lE} \leqslant 6$	$6 < I_{lE} \leqslant 18$	$I_{lE} > 18$

轻微液化时，地面无喷砂冒水，或仅在洼地、河边有零星的喷砂冒水点；对建筑危害小，一般不会引起明显的震害。中等液化时，地面无喷砂冒水可能性大，从轻微到严重均有，多数属中等；对建筑危害较大，可造成不均匀沉陷和开裂，有时不均匀沉陷可能达到 200 mm。严重液化时，一般喷砂冒水都很严重，地面变形严重；对建筑危害大，不均匀沉陷可能大于 200 mm，高重心结构可能产生不容许的倾斜。

4. 抗液化措施

根据建筑抗震设防类别和场地的液化等级可选择不同的抗液化措施，消除液化沉降主要通过改变土层的组成或含水率等避免液化沉降，包括全部消除液化沉陷的地基处理措施、部分消除液化沉陷的地基处理措施、减轻液化影响的基础和上部结构处理措施等三类，见表 3-11，具体含义详见抗震规范第 4.3.6～4.3.9 条。甲类建筑的地基抗液化措施需做专门研究，但不低于乙类建筑。

表 3-11　　　　　　　　抗液化措施

抗震设防类别	液化等级		
	轻微	中等	严重
乙类	部分消除液化沉陷，或基础和上部结构处理	全部消除液化沉陷，或部分消除液化沉陷且基础和上部结构处理	全部消除液化沉陷
丙类	基础和上部结构处理，也可不采取措施	基础和上部结构处理，或更高的措施	全部消除液化沉陷，或部分消除液化沉陷且基础和上部结构处理
丁类	可不采取措施	可不采取措施	基础和上部结构处理，或其他经济的措施

3.2.4　地基基础的抗震加固

进行地基抗震设计时，应尽量发挥天然地基的承载能力，首先考虑采用天然地基方案，其次考虑采取加强上部结构的建筑和结构措施，当仍然不能满足抗震要求时，再考虑采用人工地基加固处理方案。地基基础的加固可简单概括为：提高承载力，减少土层压缩性，改善透水性，消除液化沉降，以及改善土层的动力特性等。

简便易行的加固处理方法包括：

（1）换土垫层法。将基础底面下一定范围内的软弱土层挖去，换填其他无侵蚀性的低压缩性的散体材料，如中（粗）砂、碎（卵）石、灰土、素土等，然后分层夯实作为地基的持力层。

（2）重锤夯实法。适用于处理稍湿的各种黏性土、砂土、杂填土以及湿陷性黄土等，经过夯打之后，地基表面形成一层比较密实的表层硬壳，从而提高地基表层的强度。

（3）强夯法（或称为动力固结法、冲击加密法）。是在重锤夯实法的基础上发展起来的方法，是指用很大的冲击能使土中出现很大的冲击波和应力，从而产生土中孔隙压缩、土体局部液化后密实和夯实点周围产生排水裂隙加速土体固结等效果。

（4）振动水冲法（简称振冲法）。是利用在地基中就地振制的砂石桩快速加固易于液化的砂土及粉土地基的方法，利用一个内装偏心块的钢管振冲器，通过其端部射水垂直贯入土中，到达指定深度后，利用偏心块的旋转使地基加密，同时在周围形成了裂隙，再用砾石、矿渣、砂等粗粒料填入缝隙。

（5）深层挤密法。适用于需将较大范围内的土层挤密加固的情况，施工时先往土中打入桩管成孔，向孔中填入砂或其他材料并捣实。

（6）砂井预压法。适用于深厚的粉土层、黏土层、淤泥质黏土层、淤泥层等软弱地基的加固处理，在软土层中按一定间距打直径为 $200\sim400$ mm 的井，并在井孔中灌以透水性良好的砂，形成砂井。砂井的深度应穿越地基的受力层，然后堆载预压。

3.3　结构布置与选型

抗震结构体系需要根据建筑的抗震设防类别、抗震设防烈度、建筑高度、场地条件、地基、结构材料和施工等多种因素，通过技术、经济和使用条件等综合分析，采用合理而经济的结构。抗震结构体系要求受力明确、传力途径合理且传力路线不间断，使结构的抗震分析更符合结构在地震时的实际表现，对提高结构的抗震性能十分有利，是结构选型与布置结构抗侧力体系时需要首先考虑的，抗震规范将结构体系的要求分为强制性和非强制性两类，汇总于表3-12。

表 3-12　　　　　　　　　抗震结构体系的强制性和非强制性要求

项目	内容
强制性要求	①应具有明确的计算简图和合理的地震作用传递途径 ②应避免因部分结构或构件破坏而导致整个结构丧失抗震能力或对重力荷载的承载能力 ③应具备必要的抗震承载能力、良好的变形能力和消耗地震能量的能力 ④对可能出现的薄弱部位，应采取措施提高其抗震能力
非强制性要求	①宜有多道抗震防线 ②宜具有合理的刚度和承载力分布，避免因局部削弱或突变形成薄弱部位，产生过大的应力集中或塑性变形集中 ③结构在两个主轴方向的动力特性宜相近

本节主要介绍结构选型与布置方面的主要内容,包括不同结构类型的适用高度和高宽比、规则性要求、耗能能力、多道防线及整体性要求等。

3.3.1 不同结构类型的适用高度和高宽比

结构的总体布置必须考虑有利于抵抗水平力和竖向荷载。一般而言,房屋越高,所受到的地震作用和倾覆力矩越大;高宽比越大,地震作用下的结构侧移和倾覆力矩越大。合理地选择结构类型,重点是抵抗水平力的抗侧力结构(框架、抗震墙、支撑、筒体等)的布置,既要考虑结构刚度、整体稳定、承载能力等影响抗震安全性的因素,同时也要尽可能对经济合理性进行宏观控制。

1. 钢筋混凝土结构

钢筋混凝土结构应用比较广泛,根据房屋的高度和抗震设防烈度的不同,分别采用框架结构、框架-抗震墙结构、抗震墙结构、筒体结构等不同类型。抗震规范对各种类型的钢筋混凝土房屋适用的最大高度加以限制,见表 3-13。

表 3-13　　　　　　　　　现浇钢筋混凝土结构适用的最大高度　　　　　　　　　　m

结构类型	烈度				
	6	7	8(0.20g)	8(0.30g)	9
框架	60	50	40	35	24
框架-抗震墙	130	120	100	80	50
抗震墙	140	120	100	80	60
部分框支抗震墙	120	100	80	50	不应采用
框架-核心筒	150	130	100	90	70
筒中筒	180	150	120	100	80
板柱-抗震墙	80	70	55	40	不应采用

注:房屋高度指室外地面到主要屋面板板顶的高度,不包含局部突出屋顶部分;表中框架不包括异形柱;乙类建筑按本地区设防烈度确定其适用的最大高度;超过表内数据高度的建筑应进行专门的研究和论证,采取有效的加强措施。

为满足高层建筑日益增多的需求,我国还颁布了行业标准《高层建筑混凝土结构技术规程》(JGJ 3—2010)(在本书中,简称为高层规程),除满足表 3-13 的建筑(在高层规程中属于 A 级高度的高层建筑)外,还规定了 B 级高度的高层建筑的适用高度,见表 3-14,尽管高度要求有所放松,但对规则性、抗震等级、计算和构造措施等方面的要求相对严格。此外,高层规程还给出了钢筋混凝土高层建筑结构适用的最大高宽比,见表 3-15。

表 3-14　　　　　　　　B 级高度钢筋混凝土结构适用的最大高度　　　　　　　　　m

结构类型	烈度			
	6	7	8(0.20g)	8(0.30g)
框架-剪力墙	160	140	120	100
全部落地剪力墙	170	150	130	110

（续表）

结构类型	烈度			
	6	7	8(0.20g)	8(0.30g)
部分框支剪力墙	140	120	100	80
框架-核心筒	210	180	140	120
筒中筒	280	230	170	150

注：高层规程包含了非抗震结构的内容，涉及抗震要求时的剪力墙与抗震规范中抗震墙含义相同。

表 3-15   钢筋混凝土高层建筑结构适用的最大高宽比

结构类型	烈度		
	6、7	8	9
框架	4	3	—
板柱-剪力墙	5	4	—
框架-剪力墙、剪力墙	6	5	4
框架-核心筒	7	6	4
筒中筒	8	7	5

2. 砌体结构

砌体结构是由砖或砌块加砂浆所形成的，其抗剪、抗拉、抗弯强度低，变形能力差，抗震规范规定其高度和层数限值见表 3-16，砌体房屋最大高宽比见表 3-17，其中房屋总高度指室外地面到主要屋面板板顶或檐口的高度，半地下室从地下室室内地面算起，全地下室和嵌固条件好的半地下室应允许从室外地面算起。

表 3-16   砌体房屋的层数和总高度限值   m

房屋类型		最小抗震墙厚度/mm	烈度和设计基本地震加速度											
			6		7				8				9	
			0.05g		0.10g		0.15g		0.20g		0.30g		0.40g	
			高度	层数	高度	层数	高度	层数	高度	层数	高度	层数	高度	层数
多层砌体房屋	普通砖	240	21	7	21	7	21	7	18	6	15	5	12	4
	多孔砖	240	21	7	21	7	18	6	18	6	15	5	9	3
		190	21	7	18	6	15	5	15	5	12	4	—	—
	小砌块	190	21	7	21	7	18	6	18	6	15	5	9	3
底部框架-抗震墙房屋	普通砖、多孔砖	240	22	7	22	7	19	6	16	5	—	—	—	—
	多孔砖	190	22	7	19	6	16	5	13	4	—	—	—	—
	小砌块	190	22	7	22	7	19	6	16	5	—	—	—	—

表 3-17 砌体房屋最大高宽比

烈度	6、7	8	9
最大高宽比	2.5	2	1.5

需要注意的是,对于医院、教学楼等乙类房屋及横墙较少的房屋,总高度应比表 3-16 中的规定相应降低 3 m,层数相应减少一层;对于各层横墙很少的多层砌体房屋,应再减少一层。

3. 钢结构

相比较而言,钢结构具有轻质、高强、延性好的特点,抗震性能要优于上述两种结构,更多地应用于高层建筑及复杂结构中。抗震规范对不同类型钢结构的最大高度、最大高宽比的要求见表 3-18、表 3-19。

表 3-18 钢结构适用的最大高度 m

结构类型	烈度和设计是本地震加速度				
	6、7(0.10g)	7(0.15g)	8(0.20g)	8(0.30g)	9(0.40g)
框架结构	110	90	90	70	50
框架-中心支撑	220	200	180	150	120
框架-偏心支撑(延性墙板)	240	220	200	180	160
筒体(框筒、筒中筒、桁架筒、束筒)和巨型筒	300	280	260	240	180

注:高度接近或等于高度分界时,应允许结合房屋不规则程度和场地、地基条件确定抗震等级。

表 3-19 钢结构房屋最大高宽比

烈度	6、7	8	9
最大高宽比	6.5	6.0	5.5

3.3.2 规则性要求

地震作用是由于地面运动引起的结构反应而产生的惯性力,其作用点在结构的质量中心,如果结构中各抗侧力结构抵抗水平力的合力点(结构的刚心)与结构的重心不重合,就会激起扭转振动,导致地震反应加大。

建筑设计应根据抗震概念设计的要求明确建筑形体的规则性,即建筑平面形状和立面、竖向剖面的变化不宜过大,包含了对建筑的平、立面外形尺寸,抗侧力构件布置、质量分布,直至承载力分布等诸多因素的综合要求,即在平面、立面、竖向剖面或抗侧力体系上,没有明显的、实质的不连续突变,其抗侧力构件的平面布置宜规则对称,侧向刚度沿竖向宜均匀变化,竖向抗侧力构件的截面尺寸和材料强度宜自下而上逐渐减小,避免侧向刚度和承载力突变。

建筑形体及其构件布置不规则时,应进行地震作用计算和内力调整,并同时对薄弱部位采取有效的抗震构造措施。

1.不规则性的定义

从抗震角度出发,建筑平面形状以正方形、矩形、圆形为好,建筑立面最好采用矩形、梯形等形状,避免出现过大的内收或外挑的立面。在总结工程震害和工程经验的基础上,抗震规范对结构的不规则性要求给出了较为定量的描述。

(1)平面不规则

平面不规则主要包括扭转不规则、凹凸不规则、楼板局部不连续等,见表 3-20,典型的平面不规则如图 3-6、图 3-7 和图 3-8 所示。

表 3-20 平面不规则的类型

不规则类型	定义
扭转不规则	楼层的最大弹性水平位移(或层间位移)大于该楼层两端弹性水平位移(或层间位移)平均值的 1.2 倍
凹凸不规则	结构平面凹进的一侧尺寸大于相应投影方向总尺寸的 30%
楼板局部不连续	楼板的尺寸和平面刚度急剧变化,例如,有效楼板宽度小于该层楼板典型宽度的 50% 或开洞面积大于该层楼面面积的 30% 或较大的楼层错层

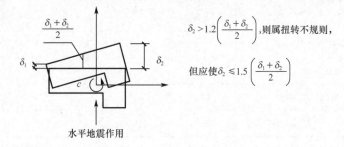

图 3-6 扭转不规则

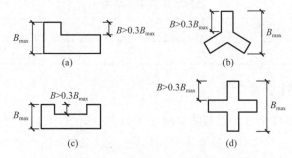

图 3-7 平面不规则——平面凹角或凸角

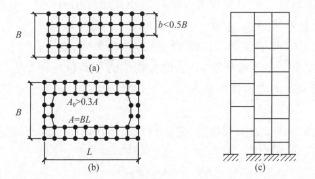

图 3-8 结构不规则——大开洞及错层

（2）竖向不规则

竖向不规则主要包括侧向刚度不规则、竖向抗侧力构件不连续、楼层承载力突变等，见表 3-21，典型的竖向不规则如图 3-9 和图 3-10 所示。

表 3-21   竖向不规则的类型

不规则类型	说明
侧向刚度不规则	该层的侧向刚度小于相邻上一层的 70% 或小于其上相邻三个楼层侧向刚度平均值的 80%，除顶层外局部收进的水平向尺寸大于相邻下一层的 25%
竖向抗侧力构件不连续	竖向抗侧力构件（柱、抗震墙、抗震支撑）的内力由水平转换构件（梁、桁架等）向下传递
楼层承载力突变	抗侧力结构的层间受剪承载力小于相邻上一楼层的 80%

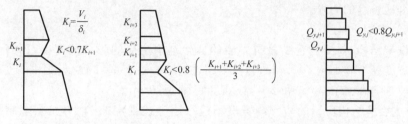

图 3-9 竖向不规则——有软弱层及有薄弱层

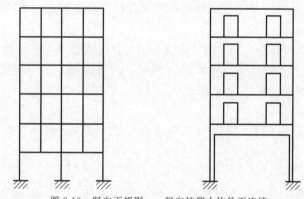

图 3-10 竖向不规则——竖向抗测力构件不连续

（3）特别不规则

当存在多项不规则或某项不规则超过规定的参考指标较多时，应属于特别不规则的建筑，特别不规则的项目举例见表 3-22。

表 3-22   特别不规则的项目举例

序号	不规则类型	举例
1	扭转偏大	裙房以上有较多楼层考虑偶然偏心的扭转位移比大于 1.4
2	抗扭刚度弱	扭转周期比大于 0.9，混合结构扭转周期比大于 0.85
3	层刚度偏小	本层侧向刚度小于相邻上层的 50%
4	高位转换	框支墙体的转换构件位置：7 度超过 5 层，8 度超过 3 层
5	厚板转换	7～9 度设防的厚板转换结构
6	塔楼偏置	单塔或多塔与大底盘的质心偏心距大于底盘相应边长的 20%
7	复杂连接	各部分层数、刚度、布置不同的错层或连体两端塔楼显著不规则的结构
8	多重复杂	同时具有转换层、加强层、错层、连体和多塔类型中的两种以上

2. 防震缝设置

对于体型复杂及平、立面不规则的建筑,可以通过设置防震缝将建筑物分隔成规则的抗震结构单元,可使结构抗震分析模型较为简单,也容易采取抗震措施。需要注意的是,体型复杂的建筑并不一概提倡设置防震缝,当对沿缝无要求时,不设缝,这主要是从建筑功能角度出发的。

防震缝应该在地面以上沿全高设置,缝中不能有填充物。当不作为沉降缝时,基础可以不设防震缝,但在防震缝处的基础要加强构造和连接。设置抗震缝需要考虑三点:一是应尽量避免因结构自振周期与场地卓越周期接近而加重震害;二是要保证防震缝有足够的宽度,防止各抗震单元在地震作用下发生相互碰撞;三是当设置伸缩缝和沉降缝时,其宽度应符合防震缝的要求。

(1)钢筋混凝土结构

对于框架结构,包括设置少量抗震墙的框架结构房屋的防震缝宽度,当高度不超过15 m时,防震缝不应小于100 mm;当高度超过15 m时,6度、7度、8度和9度设防的高度分别每增加5 m、4 m、3 m和2 m,防震缝宜加宽20 mm。

框架-抗震墙结构房屋的防震缝宽度不应小于上述规定的70%,抗震墙结构的防震缝宽度不应小于上述规定的50%,且均不宜小于100 mm。防震缝两侧房屋结构类型或高度不同时,宜按较宽防震缝宽度的结构类型和较低房屋高度确定缝宽。

(2)砌体结构

当存在房屋立面高差在6 m以上,房屋有错层且楼板高差大于层高的1/4,各部分结构刚度、质量截然不同等情况时,宜设置防震缝。防震缝的两侧均应设置墙体,缝宽为70~100 mm,根据烈度和房屋高度确定。

(3)钢结构

需要设置防震缝时,缝宽应不小于相应钢筋混凝土结构房屋的1.5倍。

3.3.3 耗能能力

结构体系的抗震能力综合表现在强度、刚度和变形能力三者的统一。要保证大震下不发生危及生命的严重破坏,除了对结构的强度、刚度要求外,保证结构具有良好的变形能力可以有效地消耗地震作用,对于增强结构抗倒塌能力是十分重要的。塑性铰是结构进入非弹性阶段后的耗能部位,要结合外部条件和结构条件,控制塑性铰的部位,尽量使用有利的破坏机制和良好的耗能性能的塑性铰。对结构而言,要求总体屈服机制,即结构的水平构件先于竖向构件屈服,尽量避免竖向构件先于水平构件屈服而出现塑性铰的层间屈服机制。

从图 3-11 所示的力-位移曲线可见,延性结构具有较大的塑性变形能力,所包围的阴影面积要比脆性结构大,说明其耗能能力要强,即具有更好的抗倒塌能力。从概念上讲,结构的延性定义为结构承载能力无明显降低的前提下,结构发生非弹性变形的能力。这里对"无明显降低"比较认同的标准是,不低于其极限承载力的85%。一个构件或结构的延性一般用其最大允许变形 δ_p 与屈服变形 δ_y 的比值 μ 来确定,即 $\mu = \dfrac{\delta_p}{\delta_y}$,称为延性系数。变形可以是线位移、转角、层间侧移,其相应的延性称为线位移延性、角位移延性和相对位移延性。目前,对应于取理想弹塑性结构开始屈服时的变形作为屈服变形,取实际结构极限荷载下或下降15%时的变形为最大允许变形。

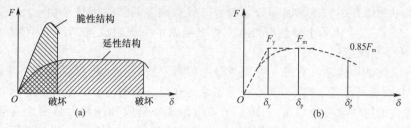

图 3-11　结构延性示意图

防止钢筋混凝土构件出现脆性破坏,应控制截面尺寸和受力钢筋、箍筋的设置,保证剪切破坏不先于弯曲破坏、混凝土压溃不先于钢筋屈服、钢筋的锚固黏结破坏不先于钢筋破坏。对于柱、墙等轴压和压弯构件,控制其竖向轴压力,以保证竖向构件良好的延性,从而做到强柱弱梁、强墙肢弱连梁;控制梁、柱、墙、节点等所承担的剪力,防止剪切破坏,一般可采用约束箍筋的方法,除提高抗剪能力外,还应使变形能力得到提高,做到强剪弱弯、强节点弱杆件;为保证混凝土抗震墙的变形能力,需要在端部设置必要的边缘构件,包括暗柱、端柱、翼墙等,设置的具体要求详见第 4 章。

砌体墙片本身的变形能力较差,设置钢筋混凝土构造柱或芯柱及圈梁对砌体墙片产生约束作用,保证墙体在侧向变形下仍具有良好的竖向及侧向承载力,从而可以有效地提高抗倒塌能力。一般要求先砌墙后浇钢筋混凝土构件,且构造柱或芯柱的纵筋应穿过圈梁,保证上下贯通;钢筋混凝土圈梁需现浇,并进行闭合设置。这些构造措施,可以保证砌体墙片和混凝土构件形成协同变形的整体,有利于提高砌体结构变形耗能能力。

对钢结构杆件而言,除强柱弱梁、强剪弱弯、强节点弱杆件的基本原则外,需要防止出现压屈破坏或局部失稳的脆性破坏形态,这是保证具有足够变形耗能能力所必需的。为此,需控制梁、柱子和支撑的构件长细比、受压翼缘的板件宽厚比。与中心支撑不同,偏心支撑一端与节点相连,另一端不与节点相连,而与消能梁段连接,偏心支撑将力传递给消能梁段,从而导致消能梁段先进入屈服状态从而消耗外激励的能量,这是一种良好的抗震结构,具有弹性阶段接近中心支撑框架、弹塑性阶段的变形能力接近于延性框架的能力,因而需要按照强柱、强支撑和弱消能梁段的原则进行设计,以达到消能梁段剪切屈服型、弯曲屈服型或剪切弯曲屈服型的要求。

3.3.4　多道防线

地震倒塌的宏观现象表明,地震的往复作用使结构遭到严重破坏,而最后倒塌则是结构因破坏而丧失了承受重力荷载的能力。因而,设置多道抗震防线对于实现防止建筑物倒塌、保证生命财产的目标是有效的,保证作为第一道防线的构件即使有损坏,也不会对整个结构的竖向构件承载能力有太大影响。

所谓多道防线的概念,通常指的是:

第一,整个抗震结构体系由若干个延性较好的分体系组成,并由延性较好的结构构件连接起来协同工作。例如,框架-抗震墙体系是由延性框架和延性抗震墙两个系统组成,延性抗震墙是第一道防线,令其承担全部地震力,延性框架是第二道防线,要承担墙体开裂后转移到框架的部分地震剪力;在框架填充墙结构中,抗侧力的砖填充墙是第一道防线,承担大部分地震剪力,框架既起了对砖墙的约束作用以提高墙体的承载力和变形能力,又承担了砖墙开裂后转移的部分地震力。双肢或多肢抗震墙体系由若干个单肢墙分系统组成,框架-支撑体系由延性框架和支撑框架两个系统组成,框架-筒体体系由延性框架和筒体两个系统组成。

第二,抗震结构体系具有最大可能数量的内部、外部赘余度,保证结构体系在部分构件失效后不致变成可变结构。同时,有意识地建立起一系列分布的塑性屈服区,地震开始后,这些部位的构件就可能屈服,在随后的持续地震中吸收和耗散大量的地震能量,保护其他重要构件不致损坏、结构不致倒塌,而这些部位的构件破坏后也易于修复。例如,在框架结构中要求强柱弱梁,就是通过梁先于柱屈服来实现内力重分布,提高耗能和变形能力;多肢墙中通过连梁的屈服来保护墙肢也是一个很好的例子。

在工程实践中,一般应优先选择不负担或少负担重力荷载的竖向支撑或填充墙,或者选用承担竖向荷载相对较小的抗震墙、实墙筒体之类的构件,作为第一道抗震防线的抗侧力构件。混凝土抗震墙需要设置边缘构件,当墙体承担的竖向压力较小时,可设置构造边缘构件,而当其承担的竖向压力较大时,则需要设置约束边缘构件,设置要求要高于构造边缘构件,体现了不同抗震防线构件的不同设置要求,关于边缘构件的内容详见第 4 章。

当建筑物受到强烈地震作用时,可利用增设的赘余杆件的屈服和变形来耗散地震输入能量;同时利用赘余杆件的破坏和退出工作,使整个结构从一种稳定体系过渡到另一种稳定体系,实现结构周期的变化,来减轻类共振效应对建筑物的破坏程度,是一种经济且有效的方法。典型的带赘余杆件的结构体系如图 3-12 所示。

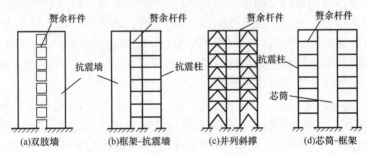

图 3-12　典型的带赘余杆件的结构体系

3.3.5　整体性要求

结构整体性的要求,是指在结构产生很大的变形时,结构的整体形态未发生明显变化,整个结构不致变成机动构架而倒塌,结构中所有构件能充分发挥各自的承载力和塑性变形能力,使结构能满足传递地震力时的强度要求和适应地震时大变形的要求。结构整体性包括三个层面的含义:一是整体协同受力,合理发挥各构件的刚度和强度,实现整体屈服机制,整体结构承载力和变形能力得到最大程度的发挥;二是构件之间的连接构造措施能保证结构在倒塌破坏时仍保持整体受力,各构件能发挥预定能力;三是构件连接的抗震构造措施,保证结构实现整体屈服机制。

结构整体性的一般要求如下:

第一,楼、屋盖体系是保证整体协同受力的重要条件。钢筋混凝土结构、砌体结构的楼、屋盖宜优先采用现浇混凝土板,当采用预制装配式混凝土楼、屋盖时,应从楼盖体系和构造上采取措施确保各预制板之间连接的整体性,同时这也可满足楼板连续性的要求,详见本章平面规则性的相关内容。砌体结构的楼、屋盖应与钢筋混凝土构造柱或芯柱、圈梁和承重墙体有效连接以增强其整体性。钢结构宜优先采用压型钢板现浇钢筋混凝土组合楼板或钢筋混凝土楼板,压型钢板应有适当的传递剪力的机制,以和混凝土板共同工作,并应与钢梁有可靠连接。楼、屋盖的支撑系统应完整,保证屋盖系统的整体稳定性。

第二,主体结构构件之间的连接应遵守的原则是:通过连接的承载力来发挥各构件的承载力、变形能力,从而获得整个结构良好的抗震能力。一般要求做到:构件节点的破坏不应先于其连接的构件,预埋件的锚固破坏不应先于连接件,装配式结构构件的连接应能保证结构的整体性,预应力混凝土构件的预应力钢筋宜在节点核芯区以外。对于钢筋混凝土抗震墙而言,设置边缘构件除增强墙体的变形能力外,也是保证抗震墙与其他构件之间连接的重要手段。

第三,有效地控制薄弱层是保证结构整体性的重要措施。在强烈地震作用下结构不存在强度安全储备,会因塑性变形的集中引起塑性内力的重分布。由于受到使用功能、材料规格尺寸模数、强度、构造等诸多因素的限制,必然在某些部位存在相对的抗震薄弱部位,在抗震设计中有意识、有目的地控制薄弱层(部位),使之有足够的变形能力又不使薄弱层发生转移,防止在局部上加强而忽视整个结构各部位刚度、强度的协调,这是提高结构总体抗震性能的有效手段。需要说明的是,抗震薄弱层(部位)一般根据构件的实际承载力(而不是承载力设计值)分析进行判断,详见第4章。例如,砌体结构墙体开洞就容易形成薄弱环节,需要控制开洞部位、开洞率,并保证上、下墙体,尤其是开洞墙体的上下对齐。

3.4 非结构构件的设计

除结构构件外,抗震设计中还涉及非结构构件,一般包括建筑非结构构件和建筑附属机电设备等。建筑非结构构件是指建筑中除承重骨架体系以外的固定构件和部件,主要包括非承重墙体,附着于楼面和屋面结构的构件、装饰构件和部件、固定于楼面的大型储物架等。建筑附属机电设备是指为现代建筑使用功能服务的附属机械、电气构件、部件和系统,主要包括电梯、照明和应急电源、通信设备、管道系统、采暖和空气调节系统、烟火监测和消防系统,公用天线等。非结构构件抗震设计所涉及的专业领域较多,一般由建筑设计、室内装修设计、建筑设备专业等的专业人员配合结构设计人员完成。

3.4.1 非结构构件的抗震设防目标

非结构构件的抗震设防目标应与主体结构三水准设防目标相协调,容许非结构构件的损坏程度略大于主体结构,但不得危及生命,对于建筑附属机电设备等,尚应符合地震作用下无相关部件破坏的正常使用要求。非结构构件的抗震设防目标大致分为高、中、低三个层次:

高要求时,外观可能损坏而不影响使用功能和防火要求,安全玻璃可能裂缝,可经受相连结构构件出现 1.4 倍以上设计挠度的变形,功能系数不小于 1.4。

中要求时,使用功能基本正常或可很快恢复,耐火时间减少 1/4,强化玻璃破碎且无下落,可经受相连构件出现设计挠度的变形,功能系数取 1.0。

低要求时,多数构件基本处于原位,但系统可能损坏,需修理才能恢复功能,耐火时间明显降低,容许玻璃破碎下落,只能经受相连构件出现 0.6 倍设计挠度的变形,功能系数取 0.6。

需要注意,非结构构件一般不参与主体结构工作,应加强自身的整体性,加强与主体结构的连接与锚固。非结构的墙体,在地震作用下,或多或少地参与主体结构工作,直接影响了结构的抗震性能,应估计其设置对结构抗震的不利影响,避免不合理设置而导致主体结构的破坏。

3.4.2 建筑非结构构件的基本抗震措施

1. 对连接件及其连接部位的要求

在建筑结构中,设置连接幕墙、围护墙、隔墙、女儿墙、雨篷、商标牌、广告牌、顶篷支架、大型储物架等建筑非结构构件的预埋件、锚固部件的部位,应采取加强措施,以承受建筑非结构构件传给主体结构的地震作用。

2. 非承重墙体的材料、选型和布置要求

非承重墙体的材料、选型和布置,应根据烈度、房屋高度、建筑体型、结构层间变形、墙体自身抗侧力性能的利用等因素,经综合分析后确定。非承重墙体宜优先采用轻质墙体材料,采用砌体墙时,应采取措施减少对主体结构的不利影响,避免使结构形成刚度和强度分布上的突变,墙体应能适应主体结构不同方向的层间位移与竖向变形的能力。砌体女儿墙高度应予以控制,并保证足够的锚固。

3. 非承重砌体墙与主体结构可靠拉结

非承重砌体墙应采取措施减少对主体结构的不利影响,并应设置拉结筋、水平连系梁、圈梁、构造柱等与主体结构可靠拉结。砌体填充墙,宜与柱脱开或采用柔性连接,并应采取有效措施保证墙体稳定,应设置现浇钢筋混凝土圈梁和压顶梁等,且圈梁宜闭合。

4. 顶棚构件与楼板连接

各类顶棚构件与楼板连接件应能承受顶棚、悬挂重物和有关机电设施的自重和地震附加作用,其锚固的承载力应大于连接件的承载力。

5. 悬挑雨篷或一端由柱支撑的雨篷应与主体结构可靠连接

6. 玻璃幕墙、预制墙板、附属于楼屋面的悬臂构件和大型储物架的抗震构造应符合相关专门标准的规定

上述基本抗震措施是对建筑非结构构件的最低要求,设计人员还可根据业主的要求或具体情况采取更强、更有效的措施,使非结构构件的抗震能力得到进一步提高。

3.4.3 建筑附属机电设备支架的基本抗震措施

建筑附属机电设备支架与主体结构的连接构件和部件的抗震措施,应根据设防烈度、建筑使用功能、房屋高度、结构类型和变形特征、附属设备所处的位置和运转要求等经综

合分析后确定,包括以下内容:

(1)抗震规范规定,重量不超过 1.8 kN 的设备、内径小于 25 mm 的煤气管道、内径小于 60 mm 的电气配管、矩形截面面积小于 0.38 m² 且圆形直径小于 0.7 m 的风管、吊杆计算长度不超过 300 mm 的吊杆悬挂管道等附属机电设备的支架可不考虑抗震设防要求。

(2)建筑附属机电设备不应设置在可能导致其使用功能发生障碍等二次灾害的部位;对于有隔振装置的设备,应注意其强烈振动对连接件的影响。建筑附属机电设备的支架应具有足够的刚度和强度,与建筑结构应有可靠的连接和锚固,应使设备在遭遇设防烈度地震影响后能迅速恢复运转。

(3)洞口的设置,应减少对主要承重结构构件的削弱,且洞口边缘应有补强措施。管道和设备与建筑结构的连接,应能允许二者之间有一定的相对变位。

(4)基座或连接件应能将设备承受的地震作用全部传递到建筑结构上。建筑结构中,用以固定建筑附属机电设备预埋件、锚固件的部位,应采取加强措施,以承受附属机电设备传给主体结构的地震作用。

(5)高位水箱应与所在的结构构件可靠连接,且应计及水箱及所含水重对建筑结构产生的地震作用效应。

(6)在设防地震下需要连续工作的附属设备,宜设置在建筑结构地震反应较小的部位,相关部位的结构构件应采取相应的加强措施。

以上几条是对设备支架的基本抗震要求,设计人员还可根据使用要求或具体情况采取其他措施进一步提高抗震能力。

3.5　抗震新技术

传统的抗震设计是利用材料的强度和结构构件的塑性变形来抵抗地震作用,使建筑物免遭不可修复的破坏或不致倒塌。当地震作用超过结构的承载力极限时,结构抗震能力将主要取决于其塑性变形能力和在往复地震作用下的滞回耗能能力,即利用结构的塑性变形耗能和滞回耗能来耗散外激励的能量。近年来,一些新的抗震技术逐渐被提出来,其中隔震和消能减震是建筑结构减轻地震灾害的有效技术,已经在现行抗震规范中体现出来。

3.5.1　隔震设计

结构基础隔震体系是在上部结构物底部与基础顶面(或底部柱顶)之间设置隔震层而形成的结构体系,隔震装置多采用橡胶隔震支座,主要由薄橡胶片与薄钢板各层重叠、加热加压而成,具有很强的垂直支承力和水平方向保持橡胶柔性的特点。为保证隔震层的整体复位功能和减少隔震层的水平变形,一般还布置阻尼装置,如图 3-13 所示。隔震层水平刚度低,隔震系统通过减少结构刚度使得结构自振周期增大,从而避开地震动卓越周期,较大程度地减少了上部结构的地震作用,其变形集中在隔震层,上部结构基本上呈现刚体运动的特点。

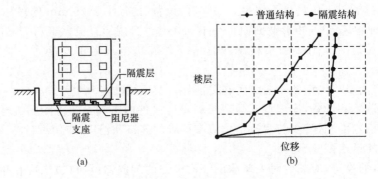

图 3-13　隔震结构

简单而言,隔震结构通过延长结构的自振周期,减少作用在上部结构的地震作用,但隔震层的位移会显著增大,这可以从图 3-14 所示的加速度、位移反应谱曲线可见,其中图 3-14(a)表示的是 1994 年美国北岭地震(Northridge Earthquake,1994.1.17)的实测记录所对应的反应谱,大致相当于三类场地,其输入地面加速度峰值与 7 度设防的小震水平一致;图 3-14(b)表示的是我国现行抗震规范的加速度反应谱及相应的位移反应谱。

当隔震结构的周期比大于 1.414 时,就会有隔震效果。我国现行的隔震设计依据除抗震规范外,尚有《叠层橡胶支座隔震技术规程》(CECS 126:2001)、《建筑工程抗震性态设计通则》(试用)(CECS 160:2004)、《建筑隔震橡胶支座》(JG 118−2000)、《建筑结构隔震构造详图》(03SG 610−1)等。按隔震后的结构周期确定地震影响系数进行结构计算分析,大致归纳为非隔震时降低半度、一度和一度半三个档次;根据现行抗震规范,确定基础隔震结构水平减震系数,宜或应采用时程分析得到的层间剪力。

隔震层应提供必要的竖向承载力、侧向刚度和阻尼,要保证不阻碍隔震层发生大变形的措施,一般应设置竖向隔离缝;穿过隔震层的管线,应采用柔性连接或其他有效措施。除水平向减震系数的要求外,可适当降低抗震规范对非隔震建筑的要求,但隔震层以上结构的抗震构造措施应保留。隔震层顶部应设置平面内刚度足够大的梁板体系。隔震建筑地基基础的抗震验算和地基处理仍应按抗震设防烈度进行,并注意砂土液化问题。

3.5.2　消能减震设计

消能减震结构体系是通过增设消能构件或装置,在结构出现较大变形时通过消能器的相对变形和相对速度消耗地震能量,给结构提供附加阻尼,尤其在强震中能率先有效地消耗地震能量,保护主体结构和构件免遭损坏,达到预期减震要求。即采用消能减震的方案,通过消能器增加结构阻尼来减少结构的地震反应,如图 3-15 所示,其中图 3-15(a)为 1994 年美国北岭地震(Northridge earthquake,1994.1.17)的实测记录所对应的反应谱,输入地面加速度峰值调整为与 7 度设防的小震水平一致;图 3-15(b)为我国现行抗震规范的加速度反应谱及相应的位移反应谱。

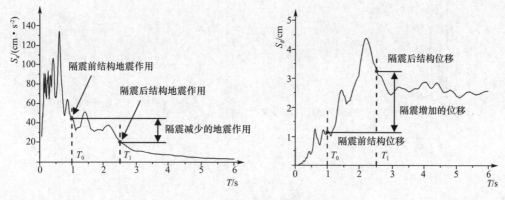

(a)实测地震记录的加速度和位移反应谱

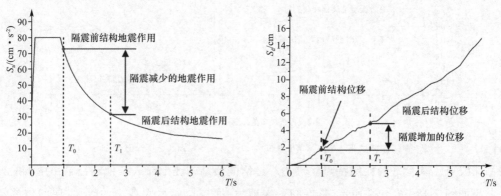

(b)现行抗震规范的加速度和位移反应谱

图 3-14 隔震结构的加速度和位移反应谱(输入地面加速度峰值 35 cm/s²)

消能器主要分为位移相关型、速度相关型和其他类型。位移相关型消能器,包括金属消能器、摩擦消能器、铅阻尼器、黏弹性阻尼器等,其提供阻尼力主要与其位移相关,可能会导致较大的弹性刚度,可能会增大地震作用,需引起重视。速度相关型消能器,主要包括油阻尼器、黏滞阻尼器、黏性阻尼墙系统等,其提供阻尼力主要与其速度相关,所引起的弹性刚度相对较小,且一般在大震情况下能提供的阻尼比要大于小震情况,应充分考虑其减震效果与结构周期的相关性。此外,还有利用两种或两种以上的消能元件或消能机制设计而成的复合型消能器。

消能部件应具有足够的吸能和消散地震能的能力、恰当的阻尼比、足够的初始刚度和优良的耐久性能。消能部件宜设置在变形较大的位置,其数量和分布应通过综合分析合理确定,设置在结构的两个主轴方向,可使两个方向均有附加阻尼和刚度,形成均匀合理的受力体系,消能器与主结构之间的连接部件应在弹性范围内工作。根据现行抗震规范,消能减震结构的抗震验算需采用时程分析法,一般需要考虑两个方向的地震作用。

某八层钢框架结构办公楼,采用了黏滞阻尼器,楼层平面布置如图 3-16 所示,黏滞阻尼器的最大阻尼力包括 3 000 kN 和 5 000 kN 两种,速度指数为 0.15,从图 3-17 所示的

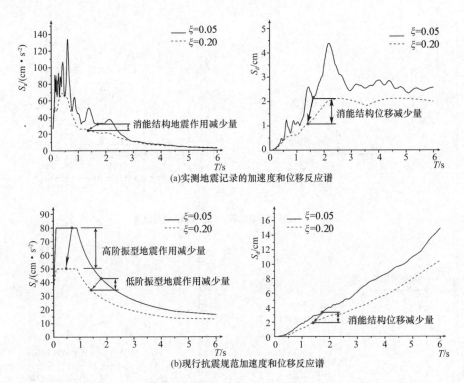

图 3-15　消能减震结构的加速度和位移反应谱（输入地面加速度峰值 35 cm/s²）

滞回曲线可见其良好的耗能特点。上述八层钢框架结构在上海人工地震记录作用下的计算结果如图 3-18、图 3-19 所示，从层间最大剪力、底层层间最大剪力的时程、层间位移和层间位移角可见黏滞阻尼器在小震、大震情况下都发挥了很好的作用。

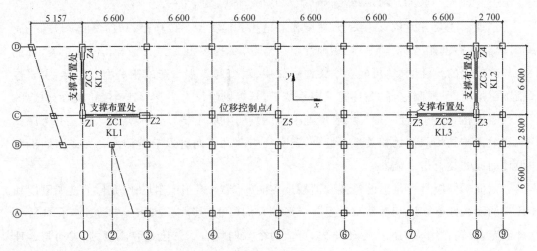

图 3-16　安装黏滞阻尼器的八层钢框架结构平面

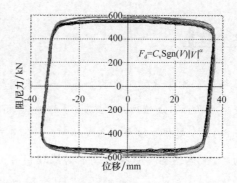

图 3-17　黏滞阻尼器安装连接示意图和黏滞阻尼器本构关系

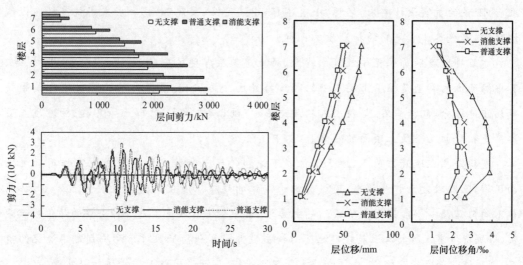

图 3-18　八层钢框架结构的小震分析结果

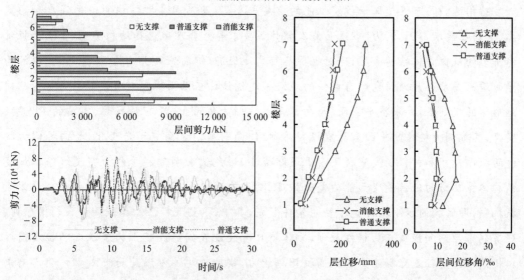

图 3-19　八层钢框架结构的大震分析结果

本章小结

工程抗震关心设防烈度的分布,一般采用极限Ⅲ型分布。在中国,设防烈度的50年超越概率为10%,众值烈度(小震,多遇地震)50年超越概率为63.2%;罕遇烈度(大震,罕遇地震),50年超越概率为3%～2%。众值烈度比基本烈度低1.55度,当遭受多遇地震影响时,主体结构不受损坏或不需修理仍可继续使用即小震不坏;罕遇烈度比基本烈度约高一度,当遭受罕遇地震影响时,不致倒塌或发生危及生命的严重破坏。这就是三水准、两阶段的抗震设计要求,俗称"小震不坏、中震可修、大震不倒"。当采用抗震性能化设计时,则有更具体或更高的抗震设防目标。

建筑场地类别是根据等效剪切波速、场地覆盖层厚度区分,包括I_0、I_1、Ⅱ、Ⅲ、Ⅳ等。其中场地土的类型是根据土层本身的刚度特性区分的,一般根据土层的剪切波速或等效剪切波速区分,包括岩石、坚硬土或软质岩石、中硬土、中软土、软弱土等几类;场地覆盖层厚度是指地面至坚硬土顶面的距离。

液化是指在地震作用下,地下水位以下饱和的砂土和粉土的颗粒因地震作用产生振动压密,土颗粒处于悬浮状态,变成类似于液体的现象。液化的危害主要来自震陷,特别是不均匀震陷。一般采用两阶段的判别方法,其中标准贯入试验是一种重要的原位测试方法,根据标准贯入器打入土层规定深度的锤击数作为判别指标。对于无法判定不液化的情况,则用液化指数区分轻微、中等和严重等三个等级,从而可采取不同措施加以处理。

结构选型与布置是保证抗震性能的重要手段,涉及不同类型结构的适用高度和高宽比、规则性要求、耗能能力、多道防线及整体性要求等。合理地选择结构类型,重点是抵抗水平力的抗侧力体系的布置,同时也要尽可能地经济,钢筋混凝土结构、砌体结构、钢结构等的适用高度和最大高宽比有详细的规定。建筑设计应根据抗震概念设计的要求明确建筑形体的规则性,要求在平立面、竖向剖面或抗侧力体系上,没有明显的、实质的不连续、突变,其抗侧力构件的平面布置宜规则对称、侧向刚度沿竖向宜均匀变化、竖向抗侧力构件的截面尺寸和材料强度宜自下而上逐渐减小、避免侧向刚度和承载力突变。保证抗震结构体系良好的延性或变形能力是除强度、刚度外的重要的衡量指标,对结构要求总体屈服机制,即结构的水平构件先于竖向构件屈服,其中,钢筋混凝土结构强调强柱弱梁原则、强剪弱弯原则和强节点弱杆件原则,砌体墙片有效设置钢筋混凝土构造柱或芯柱及圈梁以提高墙片的往复变形能力和提高抗倒塌能力,钢结构构件以满足局部或整体稳定要求控制杆件、板件宽厚比和设置侧向支撑,一般可按照强柱、强支撑和弱消能梁段的原则进行设计。设置多道抗震防线,可以保证作为第一道防线的构件即使有损坏,也不会对整个结构的承载能力有太大影响,可以防止建筑物倒塌,一般要求整个抗震结构体系由若干个延性较好的分体系及结构构件连接起来协同工作,抗震结构体系具有最大可能数量的内部、外部赘余度。结构整体性的要求,是指在结构产生很大的变形时,结构的整体形态未发生明显变化而变成机动构架,使结构能满足传递地震力时的强度要求和适应地震时大变形的要求,结构的整体性的一般要求,楼、屋盖体系能保证整体协同受力,保证主体结构构件之间连接的承载力,有效地控制结构薄弱层。

非结构构件的抗震设防目标应与主体结构三水准设防目标相协调,容许建筑非结构构件的损坏程度略大于主体结构,但不得危及生命。大致分为高、中、低三个层次,其中,高要求时,外观可能损坏而不影响使用功能和防火要求,安全玻璃可能裂缝,功能系数取不小于1.4;中要求时,使用功能基本正常或可很快恢复,功能系数取1.0;低要求时,多数构件基本处于原位,功能系数取0.6。

隔震和消能减震是建筑结构减轻地震灾害的有效技术,不同于传统的利用材料的强度和结构构件的塑性变形来抵抗地震作用的设计思路。隔震设计指在房屋基础、底部或下部结构与上部结构之间设置由橡胶隔震支座和阻尼装置等部件组成具有整体复位功能的隔震层,以延长整个结构体系的自振周期,从而减少输入上部结构的水平地震作用。消能减震设计指在房屋结构中设置消能器,通过消能器的相对变形和相对速度提供附加阻尼,以消耗输入结构的地震能量,即通过增加结构阻尼来减少结构的地震作用从而减少地震反应。

思考题

1.何谓"概念设计"?"概念设计"与计算设计有何不同?

2.建筑抗震的三水准设防目标是如何表述的?抗震设计中,小震、中震和大震是如何定义的?

3.建筑结构的抗震性能化设计的控制目标如何设置?

4.我国建筑抗震设防分类将抗震结构分为几类?相应的抗震设防标准是什么?

5.场地抗震分类依据什么参数?一般分为几类?

6.砂土液化的判别应考虑哪些因素?试述减轻地基液化危害的工程措施。

7.在抗震结构体系中,设置多道抗震防线为什么是十分必要的?

8.结构布置的基本原则有哪些?

9.什么是规则建筑?对于不规则建筑应该如何处理?

10.为什么要设置多道抗震防线?该如何设置?

11.何为结构的延性? 在建筑抗震性能中起什么作用?

12.提高结构延性的原则是什么? 有哪些具体措施?

13.非结构构件与主体结构之间的连接,应满足哪些要求?

14.隔震和消能减震的基本原理是什么? 已有建筑运用这些抗震新技术进行抗震加固有何不同?

15.怎样进行结构选型? 需要注意哪些方面的问题?

16.抗震结构的材料性能指标应符合哪些最低要求?

第 4 章

抗震计算分析

学习目标

了解地基和基础抗震验算的原则,掌握天然地基与桩基抗震承载力验算的方法;掌握振型分解反应谱法和底部剪力法计算水平地震作用,了解竖向地震作用的计算原则和计算方法;理解两阶段抗震设计要求,掌握小震承载力验算、小震弹性变形验算和大震弹塑性变形验算内容;掌握钢筋混凝土结构、砌体结构和钢结构抗震验算要点,理解构件内力计算及调整的原则和方法,了解主要构造要求。

思政目标

立足于全过程培养学生,强化科学思维方法训练和和工程伦理教育,将概念设计、构造措施相关内容与计算分析串在一起,正确认识、分析和解决结构抗震问题,核心是让结构具有为社会服务的持续生命力,激发学生以专业特长报国的情怀。

第 3 章介绍的抗震概念设计内容,来源于实际震害和工程经验,是抗震结构选型的基本原则,从建筑场地选择、结构体系选择、结构的规则性及延性等宏观方面消除抗震薄弱环节,属于抗震设计的第一个层面。除此之外,还需要建立计算模型,利用第 2 章介绍的抗震基本理论进行计算分析,这是定量评价结构抗震能力所必需的,本章主要为抗震规范中的有关结构抗震验算的条文内容,属于抗震设计的另外一个层面,即抗震计算分析,涉及地基基础和上部结构。除小震、大震两阶段设计的基本要求外,还包括基于概念设计原则的构件内力调整及抗震验算、构造要求的复核等内容。

4.1 地基基础验算

4.1.1 天然地基

在地震作用下,为保证建筑物的安全和正常使用,地基应同时满足承载力和变形的要求。但由于在地震作用下地基变形过程十分复杂,目前抗震规范规定,只要求对地基抗震承载力进行验算,对于地基变形,则通过对上部结构或地基基础采取一定的抗震措施来保证。

1.可不进行天然地基及基础的抗震承载力验算的建筑

(1)《建筑抗震设计规范》规定可不进行上部结构抗震验算的建筑。

（2）地基主要受力层范围内不存在软弱黏性土层的下列建筑：

①一般的单层厂房和单层空旷房屋。

②砌体房屋。

③不超过 8 层且高度在 24 m 以下的一般民用框架和框架-抗震墙房屋。

④基础荷载与③项相当的多层框架厂房和多层混凝土抗震墙房屋。

说明：软弱黏性土层指地震烈度为 7 度、8 度和 9 度时,地基承载力特征值分别小于 80 kPa、100 kPa 和 120 kPa 的土层。

2. 天然地基抗震承载力验算

天然地基基础抗震验算时,应采用地震作用效应标准组合。抗震规范规定,地基抗震承载力可按式(4-1)计算,即

$$f_{aE} = \zeta_a f_a \tag{4-1}$$

式中 f_{aE}——调整后的地基抗震承载力；

ζ_a——地基抗震承载力调整系数,见表 4-1；

f_a——深度修正后的地基承载力特征值,按《建筑地基基础设计规范》(GB 50007—2011)采用。

表 4-1 地基抗震承载力调整系数

岩土名称和性状	ζ_a
岩石,密实的碎石土,密实的砾、粗、中砂,$f_{ak} \geqslant 300$ 的黏性土和粉土	1.5
中密、稍密的碎石土,中密和稍密的砾、粗、中砂,密实和中密的细、粉砂,150 kPa$\leqslant f_{ak}<$300 kPa 的黏性土和粉土,坚硬黄土	1.3
稍密的细、粉砂,100 kPa$\leqslant f_{ak}<$150 kPa 的黏性土和粉土,可塑黄土	1.1
淤泥,淤泥质土,松散的砂,杂填土,新近堆积黄土及流塑黄土	1.0

3. 天然浅基础的抗震验算

验算天然地基地震作用下的竖向承载力时,按地震作用效应标准组合的基础底面平均压力和边缘最大压力应符合式(4-2)、式(4-3)要求,并取基础底面的压力分布为直线分布。

$$p \leqslant f_{aE} \tag{4-2}$$

$$p_{max} \leqslant 1.2 f_{aE} \tag{4-3}$$

式中 p——地震作用效应标准组合的基础底面平均压力；

p_{max}——地震作用效应标准组合的基础底面边缘最大压力。

对于高宽比大于 4 的建筑,在地震作用下基础底面不宜出现脱离区(零应力区)；对于其他建筑,基础底面与地基之间零应力区域面积不应超过基础底面面积的 15%。

4.1.2 桩基

1. 不进行桩基抗震承载力验算的范围

承受竖向荷载为主的低承台桩基,当地面下无液化土层,且桩承台周围无淤泥、淤泥质土和地基承载力特征值不大于 100 kPa 的填土时,下列建筑可不进行桩基抗震承载力验算：

（1）地震烈度为 7 度和 8 度时的下列建筑：

①一般的单层厂房和单层空旷房屋。

②不超过 8 层且高度在 24 m 以下的一般民用框架房屋。

③基础荷载与②项相当的多层框架厂房和多层混凝土抗震墙房屋。

(2)抗震规范规定的可不进行天然地基及基础承载力验算的建筑及砌体房屋。

2. 低承台桩基的抗震验算

(1)非液化土中桩基

①单桩的竖向和水平向抗震承载力特征值,均可比非抗震设计时提高 25％。

②当承台周围的回填土夯实至干密度不小于现行国家规范《建筑地基基础设计规范》(GB 50007—2011)对填土的要求时,可由承台正面填土与桩共同承担水平地震作用;但不应计入承台底面与地基土间的摩擦力。

(2)存在液化土层的桩基

当承台埋深较浅时,不宜计入承台周围土的抗力或刚性地坪对水平地震作用的分担作用。

当桩承台底面上、下分别有厚度不小于 1.5 m、1.0 m 的非液化土层或非软弱土层时,可按下列两种情况进行桩的抗震验算,并按不利情况设计:

①桩承受全部地震作用,桩承载力计算可按非液化土考虑,但液化土的桩周摩阻力及桩水平抗力均应乘以表 4-2 的折减系数。

表 4-2 土层液化影响折减系数

实际标准贯入锤击数/临界标准贯入锤击数	深度 d_s/m	折减系数
≤0.6	$d_s \leqslant 10$	0
	$10 < d_s \leqslant 20$	1/3
>0.6~0.8	$d_s \leqslant 10$	1/3
	$10 < d_s \leqslant 20$	2/3
>0.8~1.0	$d_s \leqslant 10$	2/3
	$10 < d_s \leqslant 20$	1

②地震作用按水平地震影响系数最大值的 10％采用,但应扣除液化土层的全部摩阻力及桩承台下 2 m 深度范围内非液化土的桩周摩阻力。

③打入式预制桩及其他挤土桩,当平均桩距为 2.5~4.0 倍桩径且桩数不少于 5×5 时,可计入打桩对土的加密作用及桩身对液化土变形限制的有利影响。当打桩后桩间土的标准贯入锤击数值达到不液化的要求时,单桩承载力可不折减,但对桩尖持力层作强度校核时,桩群外侧的应力扩散角应取为零。

3. 桩基抗震验算的其他规定

(1)处于液化土中的桩基承台周围,宜用密实干土填筑夯实,若用砂土或粉土则应使土层的标准贯入锤击数不小于规定的液化判别标准贯入锤击数临界值。

(2)液化土和震陷软土中桩的配筋范围,应自桩顶至液化深度以下符合全部消除液化沉陷所要求的深度,其纵筋应与桩顶部相同,箍筋应加粗和加密。

(3)在有液化侧向扩展的地段,桩基除应满足以上规定外,尚应考虑土流动时的侧向作用力,且承受侧向作用力的面积应按边桩外缘间的宽度计算。

4.2 地震作用计算

4.2.1 一般规定

1.地震作用方向

抗震规范规定,一般应在建筑结构的两个主轴方向分别计算水平地震作用,各方向的水平地震作用应由该方向抗侧力构件承担;有斜交抗侧力构件的结构,当相交角度大于15°时,应分别计算各抗侧力构件方向的水平地震作用;质量和刚度分布明显不对称的结构,应计入双向水平地震作用下的扭转影响,其他情况应允许采用调整地震作用效应的方法计入扭转影响;8、9度时的大跨度和长悬臂结构及9度时的高层建筑,应计算竖向地震作用。

2.地震作用计算方法

高度不超过40 m、以剪切变形为主且质量和刚度沿高度分布比较均匀的结构,以及近似于单质点体系的结构,可采用底部剪力法等简化方法;其余的建筑结构,宜采用振型分解反应谱法。

特别不规则的建筑、甲类建筑和超过高度范围的高层建筑,应采用时程分析法进行多遇地震下的补充计算。采用时程分析法的房屋高度范围见表4-3。计算罕遇地震下结构的变形,应采用简化的弹塑性分析方法或弹塑性时程分析方法。特别不规则的建筑、甲类建筑和表4-3所列高度范围的高层建筑,应采用时程分析法和振型分解反应谱法计算的较大值;当取七组及七组以上的时程曲线时,计算结果可取时程法的平均值和振型分解反应谱法的较大值。采用时程分析法时,应按建筑场地类别和设计地震分组选用实际强震记录和人工模拟的加速度时程曲线,其中实际强震记录的数量不应少于总数的2/3,多组时程曲线的平均地震影响系数曲线应与振型分解反应谱法所采用的地震影响系数曲线在统计意义上相符,时程分析所用地震加速度时程的最大值可按表4-4采用。

表 4-3　　　　　　　　　　采用时程分析法的房屋高度范围

烈度、场地类别	房屋高度范围/m
8 度 Ⅰ、Ⅱ 类场地和 7 度	>100
8 度 Ⅲ、Ⅳ 类场地	>80
9 度	>60

表 4-4　　　　　　时程分析所用地震加速度时程的最大值　　　　　　cm·s^{-2}

地震影响	6 度	7 度	8 度	9 度
多遇地震	18	35(55)	70(110)	140
罕遇地震	125	220(310)	400(510)	620

注:括号内数值分别用于设计基本地震加速度为 0.15g 和 0.30g 的地区。

输入的地震加速度时程曲线的有效持续时间,一般从首次达到该时程曲线最大峰值的10%那一点算起,到最后一点达到最大峰值的10%为止;不论是实际的强震记录还是人工模拟波形,有效持续时间一般为结构基本周期的5~10倍。

弹性时程分析时,每条时程曲线计算所得结构底部剪力不应小于振型分解反应谱法计算结果的65%,多条时程曲线计算所得结构底部剪力的平均值不应小于振型分解反应谱法计算结果的80%。

3.其他

平面投影尺度很大的空间结构,即跨度大于120 m或长度大于300 m或悬臂大于40 m的结构,应根据结构型式和支承条件,分别按单点一致、多向单点、多点或多向多点输入进行抗震计算。单点一致输入,即仅对基础底部输入一致的加速度反应谱或加速度时程进行结构计算。多向单点输入,即沿空间结构基础底部,三向同时输入,其地面加速度峰值或反应谱最大值的比例取,水平主向:水平次向:竖向=1.00:0.85:0.65。多点输入即考虑地震行波效应和局部场地效应,对各独立基础或支承结构输入不同的设计反应谱或加速度时程进行计算,估计可能造成的地震效应。多向多点输入,即同时考虑多向和多点输入进行计算。

4.2.2 水平地震作用

1.地震影响系数

抗震规范把地震影响系数 α 与自振周期 T 的关系作为设计反应谱,应根据设防烈度、场地类别、设计地震分组和阻尼比确定,即水平地震力

$$F = \alpha G \tag{4-4}$$

地震影响系数 α 曲线如图4-1所示,分为直线上升段、水平段、曲线下降段和直线下降段四个区段。

$$\alpha = [0.45 + (\eta_2 - 0.45)10T]\alpha_{max}, 0 \leqslant T < 0.1$$

$$\alpha = \eta_2 \alpha_{max}, 0.1 \leqslant T < T_g$$

$$\alpha = \left(\frac{T_g}{T}\right)^\gamma \eta_2 \alpha_{max}, T_g \leqslant T < 5T_g$$

$$\alpha = [\eta_2 0.2^\gamma - \eta_1(T - 5T_g)]\alpha_{max}, 5T_g \leqslant T \leqslant 6.0$$

图4-1中, α 为水平地震影响系数; α_{max} 为水平地震影响系数最大值,按表4-5确定; T 为结构自振周期; T_g 为特征周期; γ 为曲线下降段的衰减指数; η_1 为直线下降段的下降斜率调整系数; η_2 为阻尼调整系数。

表 4-5 　　　　　　　　　　　水平地震影响系数最大值 α_{max}

地震影响	6 度	7 度	8 度	9 度
多遇地震	0.04	0.08(0.12)	0.16(0.24)	0.32
罕遇地震	0.28	0.50(0.72)	0.90(1.20)	1.40

注:括号内数值分别用于设计基本地震加速度为 $0.15g$ 和 $0.30g$ 的地区。

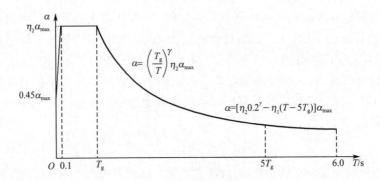

图 4-1 地震影响系数曲线

建筑结构的阻尼比 ξ 一般取 0.05，当阻尼比 ξ 不等于 0.05 时，地震影响系数曲线的形状参数和阻尼调整系数共三个，如下：

曲线下降段的衰减指数：$\gamma = 0.9 + \dfrac{0.05 - \xi}{0.3 + 6\xi}$

直线下降段的下降斜率调整系数：$\eta_1 = 0.02 + \dfrac{0.05 - \xi}{4 + 32\xi}$，且 $\eta_1 \geqslant 0$

阻尼调整系数：$\eta_2 = 1 + \dfrac{0.05 - \xi}{0.08 + 1.6\xi}$，且 $\eta_2 \geqslant 0.55$

2. 重力荷载代表值

计算地震作用时，建筑的重力荷载代表值应取结构和构配件自重标准值和各可变荷载组合值之和，重力荷载代表值按式（4-5）计算，即

$$G_E = G_k + \sum \psi_i Q_{ki} \tag{4-5}$$

式中 G_E——重力荷载代表值；

G_k——结构荷载标准值；

Q_{ki}——相关活载（可变荷载）标准值；

ψ_i——相关活载组合值系数，按表 4-6 采用。

表 4-6 可变荷载组合值系数

可变荷载种类		组合值系数
雪荷载		0.5
屋面积灰荷载		0.5
屋面活荷载		不计入
按实际情况计算的楼面活荷载		1.0
按等效均布荷载计算的楼面活荷载	藏书库、档案库	0.8
	其他民用建筑	0.5
起重机悬吊物重力	硬钩起重机	0.3
	软钩起重机	不计入

3. 振型分解反应谱法

反应谱的概念是基于单自由度体系提出的,可以满足工程抗震设计,一般仅关心各质点反应的最大值的需求。一般情况下,绝大部分工程属于多自由度体系,可利用振型分解反应谱法实施振型解耦,在每个振型上应用反应谱理论求出各振型中各质点的地震作用,进而计算出各振型的地震作用效应(弯矩、剪力、轴力和变形等),然后按一定原则组合在一起形成一个结构的地震作用效应,这就是振型分解反应谱法的基本思路。抗震规范经常采用的是平方和开平方方法(SRSS法)和完全平方根组合法(CQC法),详见第2章。

(1)不进行扭转耦联计算的结构,其地震作用和作用效应计算

第 j 振型第 i 质点上的水平地震作用标准值为

$$F_{ji} = \alpha_j \gamma_j X_{ji} G_i \tag{4-6}$$

式中 α_j——相应于第 j 振型自振周期 T_j 的地震影响系数;

γ_j——j 振型的振型参与系数;

X_{ji}——j 振型 i 质点的水平相对位移,即振型位移;

G_i——集中于 i 质点的重力荷载代表值。

$$\gamma_j = \frac{\sum_{i=1}^{n} G_i X_{ji}}{\sum_{i=1}^{n} G_i X_{ji}^2} \tag{4-7}$$

根据 j 振型 i 质点上的地震作用可计算该振型的地震作用效应 S_j(弯矩、剪力、轴力和变形)。这里,S_j 是最大值,当某一振型的地震作用效应达到最大值时,其余各振型的地震作用效应不一定也达到最大值,即结构地震作用效应的最大值并不等于各振型地震作用效应最大值之和。一般情况下,结构相邻振型的周期比小于 0.85,根据随机振动理论,如假定地震时地面运动为平稳随机过程,结构总的地震作用效应可采用平方和开平方法确定,即

$$S = \sqrt{\sum_{j=1}^{n} S_j^2} \tag{4-8}$$

式中 S——地震作用的效应;

S_j——j 振型地震作用的效应;

n——振型反应的组合数。

一般情况下,可取结构的前 2~3 阶振型,但不多于结构的自由度数($j \leqslant n$);当结构基本周期大于 1.5 s 或建筑物高宽比大于 5 时,应适当增加振型的组合数。

必须注意,在应用振型分解反应谱法时,平方和开平方是针对地震作用下的结构反应的,不能将各振型的地震作用采用平方和开平方法进行组合,这点是非常容易混淆的。

(2)扭转耦联地震作用和作用效应计算

即使对于平面规则的建筑结构来说,也会因施工、使用等原因产生的偶然偏心引起地震扭转效应。抗震规范规定,当规则结构不需进行扭转耦联计算时,平行于地震作用方向

的两个边榀各构件,其地震作用效应应乘以增大系数。一般情况下,短边可按 1.15 采用,长边可按 1.05 采用;当扭转刚度较小时,周边各构件宜按不小于 1.3 采用。角部构件宜同时乘以两个方向各自的增大系数。

按扭转耦联振型分解法计算时,各楼层可取两个正交的水平位移和一个转角共三个自由度,并应按下列公式计算结构的地震作用和作用效应。

第 j 振型第 i 质点上的水平地震作用标准值为

$$F_{Xji} = \alpha_j \gamma_{tj} X_{ji} G_i \tag{4-9}$$

$$F_{Yji} = \alpha_j \gamma_{tj} Y_{ji} G_i \tag{4-10}$$

$$F_{tji} = \alpha_j \gamma_{tj} r_i^2 \varphi_{ji} G_i \tag{4-11}$$

式中 F_{Xji}、F_{Yji}、F_{tji} —— j 振型 i 层的 X 方向、Y 方向和转角方向的地震作用标准值;

X_{ji}、Y_{ji} —— j 振型 i 层质心在 X 方向、Y 方向的水平位移;

φ_{ji} —— j 振型 i 层的相对扭转角;

r_i —— i 层的转动半径;

α_j —— 相应于第 j 振型自振周期 T_j 的地震影响系数;

γ_{tj} —计入扭转的 j 振型参与系数。

仅取 X 方向地震时,$\gamma_{tXj} = \dfrac{\sum\limits_{i=1}^{n} G_i X_{ji}}{\sum\limits_{i=1}^{n} G_i (X_{ji}^2 + Y_{ji}^2 + r_i^2 \varphi_{ji}^2)}$

仅取 Y 方向地震时,$\gamma_{tYj} = \dfrac{\sum\limits_{i=1}^{n} G_i Y_{ji}}{\sum\limits_{i=1}^{n} G_i (X_{ji}^2 + Y_{ji}^2 + r_i^2 \varphi_{ji}^2)}$

当与 X 方向斜交(与 X 方向斜交角度 θ)时,$\gamma_{tj} = \gamma_{tXj} \cos\theta + \gamma_{tYj} \sin\theta$

单向水平地震作用下的扭转耦联效应为

$$S = \sqrt{\sum_{j=1}^{m} \sum_{k=1}^{m} \rho_{jk} S_j S_k} \tag{4-12}$$

式中 S —— 水平地震作用标准值的扭转效应;

S_j、S_k —— j、k 振型地震作用标准值的效应,可取 9 至 15 个振型;

ρ_{jk} —— j、k 振型的耦联系数。

$$\rho_{jk} = \frac{8\sqrt{\xi_j \xi_k}(\xi_j + \lambda_T \xi_k)\lambda_T^{1.5}}{(1-\lambda_T^2)^2 + 4\xi_j \xi_k(1+\lambda_T^2)\lambda_T + 4(\xi_j^2 + \xi_k^2)\lambda_T^2}$$

式中 ξ_j、ξ_k —— j、k 振型的阻尼比;

λ_T —— k、j 振型的自振周期比。

双向水平地震作用的扭转耦联效应,可按式(4-13)中的较大值确定,即

$$S_{Ek} = \sqrt{S_X^2 + (0.85 S_Y)^2}, \quad S_{Ek} = \sqrt{S_Y^2 + (0.85 S_X)^2} \tag{4-13}$$

式中，S_X、S_Y分别为X、Y方向的单向水平地震作用标准值的扭转效应。

4.底部剪力法

（1）基本公式

对一般的建筑结构来说，应采用振型分解反应谱法计算其地震作用效应。房屋结构高度不超过 40 m、以剪切变形为主且质量和刚度沿高度分布比较均匀的结构，以及近似于单质点体系的结构，也就是结构在地震作用下结构反应通常以第一振型为主且第一振型近似为直线，可推导出更为简单实用的底部剪力法。底部剪力法计算假定如图 4-2 所示。

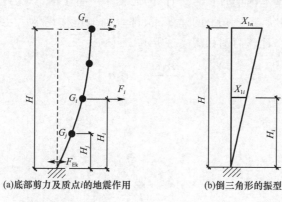

(a)底部剪力及质点i的地震作用   (b)倒三角形的振型

图 4-2　底部剪力法计算假定

第一振型为倒三角形，则$X_{1i} \propto H_i$，即可用各质点的计算高度代替其振型位移。第一振型第i质点上的水平地震作用标准值，即第i质点上的水平地震作用标准值为

$$F_{1i} = \alpha_1 \gamma_1 H_i G_i = \alpha_1 \frac{\sum_{i=1}^{n} G_i H_i}{\sum_{i=1}^{n} G_i H_i^2} H_i G_i \tag{4-14}$$

式中，α_1为对应于结构基本自振周期的水平地震影响系数。

总基底剪力为

$$F_{Ek} = \sum_{i=1}^{n} F_{1i} = \sum_{i=1}^{n} \alpha_1 \gamma_1 X_{1i} G_i = \alpha_1 \frac{(\sum_{i=1}^{n} G_i H_i)^2}{\sum_{i=1}^{n} G_i H_i^2 \sum_{i=1}^{n} G_i} \sum_{i=1}^{n} G_i = \alpha_1 G_{eq} \tag{4-15}$$

式中，G_{eq}为结构等效总重力荷载，$G_{eq} = \dfrac{(\sum_{i=1}^{n} G_i H_i)^2}{\sum_{i=1}^{n} G_i H_i^2 \sum_{i=1}^{n} G_i} \sum_{i=1}^{n} G_i = \zeta \sum_{i=1}^{n} G_i$，其中$\zeta$为等效重

力荷载系数，与质点的等效质量、计算高度、质点数等有关，抗震规范规定，对单质点体系

取 1，多质点体系取 0.85，$\zeta = \dfrac{(\sum_{i=1}^{n} G_i H_i)^2}{\sum_{i=1}^{n} G_i H_i^2 \sum_{i=1}^{n} G_i}$。

由于重力荷载代表值 G_i 是标准值,因此结构总水平地震作用 F_{Ek} 为标准值。因只涉及第一振型,故质点 i 的水平地震作用不再标记振型符号,简写为

$$F_i = \alpha_1 \gamma_1 H_i G_i = \frac{G_i H_i}{\sum\limits_{j=1}^{n} G_j H_j} F_{Ek} \tag{4-16}$$

把结构的总水平地震作用 F_{Ek} 分配到各质点,即得各质点上的地震作用 F_i。

（2）顶部附加地震作用

实际工程中,当基本周期较长时,顶部的地震作用明显偏小,为此抗震规范规定:对于结构的基本自振周期 $T_1 > 1.4T_g$ 的建筑,顶部附加地震作用 ΔF_n 以集中力的形式加在结构的顶部加以修正,计算简图如图 4-3 所示。

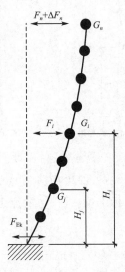

图 4-3　考虑顶部附加地震作用底部剪力法

考虑顶部附加地震作用时质点 i 的水平地震作用标准值为

$$F_i = \frac{G_i H_i}{\sum\limits_{j=1}^{n} G_i H_i} F_{Ek}(1-\delta_n), \quad (i=1,2,\cdots,n) \tag{4-17}$$

$$\Delta F_n = \delta_n F_{Ek} \tag{4-18}$$

式中,δ_n 为顶部附加地震作用系数,多层钢筋混凝土和钢结构房屋可根据表 4-7 采用,其他房屋可采用 0.0。

表 4-7　　　　　　　　　　　　　顶部附加地震作用系数

T_g/s	$T_1 > 1.4T_g$	$T_1 \leqslant 1.4T_g$
$T_g \leqslant 0.35$	$0.08T_1 + 0.07$	
$0.35 < T_g \leqslant 0.55$	$0.08T_1 + 0.01$	0.0
$T_g > 0.55$	$0.08T_1 - 0.02$	

注：T_1 为结构基本自振周期。

(3)突出屋面的屋顶间等小建筑的鞭梢效应影响

突出屋面的屋顶间等小建筑,一般按其重力荷载小于标准层1/3控制。震害研究表明,突出屋面的屋顶间等小建筑,其震害要比主体结构重,主要是因为突出屋面的这部分结构因刚度、质量突然减小,每一个来回的转折瞬间产生较大的内力,即地震反应随之增大,类似生活中稍微动动长鞭的握柄就会导致鞭梢部分振动加剧的现象,一般也被称为鞭梢效应。

严格地说,对带有突出屋面小房间的房屋结构,底部剪力法已不再适用。为了简化计算,仍采用底部剪力法计算其水平地震作用,顶部突出屋面的地震作用予以调整。抗震规范规定,对顶部突出屋面的屋顶间、女儿墙、烟囱等地震作用效应,因鞭梢效应宜乘以系数3,此增大部分不应往下传递,但与该突出部分相连的构件应予计入。

5.最小剪力规定

由于地震影响系数在长周期段下降较快,对于基本周期大于3.5 s的结构,计算所得的地震反应可能太小;而对于长周期结构,地震动作用中地面运动速度和位移可能对结构的破坏具有更大影响,振型分解反应谱法一般无法对此做出估计。出于结构安全的考虑,增加了对各楼层水平地震剪力最小值的要求,即规定了不同烈度下的剪力系数。

抗震验算时,结构任一楼层的水平地震剪力应符合式(4-19)要求,即

$$V_{Eki} \geq \lambda \sum_{j=i}^{n} G_j \tag{4-19}$$

式中　V_{Eki}——第i层对应于水平地震作用标准值的楼层剪力;

　　　λ——剪力系数,不应小于表4-8规定的数值,对竖向不规则结构的薄弱层,尚应乘以1.15的增大系数;

　　　G_j——第j层的重力荷载代表值。

表4-8　　　　　　　　　　　　　　　楼层最小地震剪力系数值

类别	6度	7度	8度	9度
扭转效应明显或基本周期小于3.5 s的结构	0.008	0.016(0.024)	0.032(0.048)	0.064
基本周期大于5.0 s的结构	0.006	0.012(0.018)	0.024(0.036)	0.048

注:基本周期介于3.5 s和5 s之间的结构,按插入法取值;括号内数值分别用于设计基本地震加速度为0.15g和0.30g的地区。

6.地基相互作用影响

在进行结构分析时,一般都假定地基是刚性的,实际上地基并非刚性,当地基因地震作用产生局部变形时,引起了结构的移动和摆动,这种现象称为地基与结构的相互作用。地基与结构相互作用改变了地基运动的频谱组成,同时由于地基的柔性导致结构的基本周期延长。一般来说,由于地基与结构的相互作用,会使结构的地震作用减少,但结构的位移和由重力二阶效应引起的附加内力将增大。

抗震规范规定,8度和9度时建造于Ⅲ、Ⅳ类场地,采用箱基、刚性较好的筏基和桩箱联合基础的钢筋混凝土高层建筑,当结构基本自振周期处于特征周期的1.2倍至50倍范围时,若计入地基与结构动力相互作用的影响,对刚性地基假定计算的水平地震剪力可按规定进行折减,折减后各楼层的水平地震剪力应符合楼层最小地震剪力的规定。

高宽比小于3的结构,各楼层水平地震剪力的折减系数ψ,可按式(4-20)计算,即

$$\psi = \left(\frac{T_1}{T_1 + \Delta T}\right)^{0.9} \tag{4-20}$$

式中 T_1——按刚性地基求得的结构基本自振周期；

ΔT——计入地基与结构动力相互作用的附加周期，见表 4-9。

表 4-9   计入地基与结构动力相互作用的附加周期   s

烈度	场地类别	
	III	IV
8	0.08	0.20
9	0.10	0.25

7. 楼层剪力分配

结构的楼层水平地震剪力，可按刚性楼盖、柔性楼盖和中性楼盖三种不同情况进行分配。

刚性楼盖是指楼盖的平面内刚度无穷大，即假定楼盖在水平地震作用下不发生任何平面内的变形，仅发生刚体位移，主要指符合抗震规范规定的现浇及装配整体式钢筋混凝土楼盖（有较强的整浇配筋面层且无大孔），在水平荷载作用下的变形模式如图 4-4(a)所示，其地震作用宜按抗侧力构件等效刚度的比例分配。刚性楼盖符合概念设计中的楼板连续性要求、整体性要求。

所谓柔性楼盖，即假定该楼盖的平面内刚度为零，从而各抗侧力构件在地震作用下的变形是自由的，其变形模式不受楼盖的约束，如图 4-4(b)所示，主要指木楼盖或整体性较差的装配式钢筋混凝土楼盖（无整浇面层或开有多个大孔），地震作用宜按抗侧力构件从属面积上重力荷载代表值的比例分配。

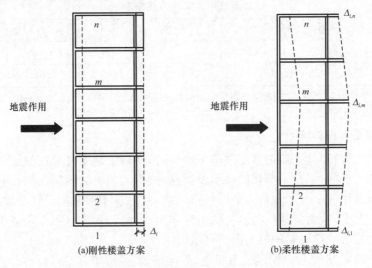

图 4-4 刚性和柔性楼盖方案的变形

中性楼盖是指介于刚性楼盖和柔性楼盖之间的楼盖，如工程中常见的钢筋混凝土装配式楼盖（有 30～40 mm 厚配筋面层），其地震剪力分配的计算比较复杂，工程实践中，近似地取刚性楼盖的各抗侧力构件的地震剪力和柔性楼盖的各抗侧力构件的地震剪力的平均值。

当计入空间作用、楼盖变形、墙体弹塑性变形和扭转的影响时,可按抗震规范的有关规定对上述分配结果做适当调整。

4.2.3 竖向地震作用

地震作用与震源机制、震级大小、震中距远近有关,很多情况下,地震作用以水平地震作用为主。国内外的震害经验表明,在震中高烈度区,某些建筑物的破坏现象无法用水平地震作用解释,这中间可能存在竖向地震作用的影响,一些高层、高耸结构的竖向地震应力与其重力荷载的应力值比会沿建筑高度逐渐变大,甚至可能会在结构上部产生拉应力,即竖向地震作用产生的轴力是不可忽略的。统计分析结果表明,各类场地的竖向反应谱与水平反应谱的形状相差不大,竖向最大加速度与地面水平最大加速度比值为 $1/2 \sim 2/3$;靠近震中区越近,这个比值越大。

抗震规范规定,8 度和 9 度时的大跨度结构、长悬臂结构,9 度时的高层建筑,应考虑竖向地震作用。竖向地震作用的计算是根据建筑结构的不同类型采用不同的方法,烟囱和类似的高耸结构以及高层建筑其竖向地震作用的标准值可按振型分解反应谱法计算,而平板网架和大跨度结构等则采用静力法。

1. 地震影响系数(高层建筑)

对于 9 度区的高层建筑,楼层的竖向地震作用标准值可按构件的重力荷载代表值的比例分配,宜乘以 1.5 的增大系数。由于竖向基本周期较短,其竖向地震影响系数可按最大值取;竖向振型呈直线变化,其地震作用可按底部剪力法分析,即

$$F_{Evk} = \alpha_{vmax} G_{eq} \tag{4-21}$$

$$F_{vi} = \frac{G_i H_i}{\sum_{j=1}^{n} G_j H_j} F_{Evk} \tag{4-22}$$

式中　F_{Evk}——结构总竖向地震作用标准值;

　　　F_{vi}——质点 i 的竖向地震作用标准值;

　　　α_{vmax}——竖向地震影响系数的最大值,可取水平地震影响系数最大值的 65%;

　　　G_{eq}——结构等效总重力荷载,可取其重力荷载代表值的 75%,即与水平地震作用计算时的等效重力荷载计算取值有所不同。

结构竖向地震作用计算简图如图 4-5 所示。

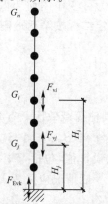

图 4-5　结构竖向地震作用计算简图

2. 平板结构

对于规则的平板型网架屋盖和跨度大于 24 m 的屋架、屋盖横梁及托架来说,竖向地震作用标准值宜取其重力荷载代表值和竖向地震作用系数的乘积,竖向地震作用系数见表 4-10。

表 4-10 竖向地震作用系数

结构类型	烈度	场地类别		
		I	II	III、IV
平板型网架、钢屋架	8(0.20g)	可不计算	0.08	0.10
	8(0.30g)	0.10	0.12	0.15
	9	0.15	0.15	0.20
钢筋混凝土屋架	8(0.20g)	0.10	0.13	0.13
	8(0.30g)	0.15	0.19	0.19
	9	0.20	0.25	0.25

3. 大跨结构

对于长悬臂构件和其他大跨结构的竖向地震作用标准值,8 度和 9 度可分别取该结构(构件)重力荷载代表值的 10% 和 20%,设计基本地震加速度为 0.30g 时,可取该结构(构件)重力荷载代表值的 15%,一般不区分场地类别。

大跨度空间结构的竖向地震作用,尚可按竖向振型分解反应谱法进行计算。其竖向地震影响系数可采用抗震规范规定的水平地震影响系数的 65%,但特征周期可均按设计地震分组第一组采用。

4.3 二阶段抗震设计要求

抗震规范采用二阶段设计法。第一阶段设计,应按多遇地震作用效应和其他荷载效应的基本组合,验算构件截面抗震承载力以及在多遇地震作用下验算结构的弹性变形,要求结构处于弹性状态,地震作用视为可变作用而非偶然作用,以此确定其分项系数;第二阶段设计,针对一些满足条件的特定结构按罕遇地震作用验算结构的弹塑性变形。

4.3.1 小震承载力验算

1. 内力组合

结构构件的地震作用效应和其他荷载效应基本组合的设计值,应按式(4-23)计算,即

$$S=\gamma_G S_{GE}+\gamma_{Eh} S_{Ehk}+\gamma_{Ev} S_{Evk}+\psi_w \gamma_w S_{wk} \tag{4-23}$$

式中 S——结构构件内力组合的设计值,包括弯矩、轴向力和剪力设计值等;

γ_G——重力荷载分项系数,一般情况应采用 1.2,当重力荷载效应对构件承载能力有利时,不应大于 1.0;

γ_{Eh}、γ_{Ev}——分别为水平、竖向地震作用分项系数,见表4-11;

γ_w——风荷载分项系数,应采用1.4;

S_{GE}——重力荷载代表值的效应;

S_{Ehk}、S_{Evk}——分别为水平、竖向地震作用标准值的效应,尚应乘以相应的增大系数或调整系数;

S_{wk}——风荷载标准值的效应;

ψ_w——风荷载组合值系数,一般结构取0.0,风荷载起控制作用的建筑应采用0.20。

表 4-11   地震作用分项系数

地震作用	γ_{Eh}	γ_{Ev}
仅计算水平地震作用	1.3	0.0
仅计算竖向地震作用	0.0	1.3
同时计算水平与竖向地震作用(水平地震为主)	1.3	0.5
同时计算水平与竖向地震作用(竖向地震为主)	0.5	1.3

2. 承载力验算

结构构件的截面抗震验算,应按式(4-24)计算:

$$S \leqslant \frac{R}{\gamma_{RE}} \tag{4-24}$$

式中 R——结构构件承载力的设计值,即结构的抗力;

      γ_{RE}——承载力抗震调整系数,见表4-12。

当考虑竖向地震作用时,对各类构件均取1.0。

表 4-12   承载力抗震调整系数

材料	结构构件	受力状态	γ_{RE}
钢	柱、梁、支撑、节点板件、螺栓、焊缝	强度	0.75
	柱、支撑	稳定	0.80
砌体	两端均有构造柱、芯柱的抗震墙	受剪	0.9
	其他抗震墙	受剪	1.0
混凝土	梁	受弯	0.75
	轴压比小于0.15的柱	偏压	0.75
	轴压比不小于0.15的柱	偏压	0.80
	抗震墙	偏压	0.85
	各类构件	受剪、偏拉	0.85

可见,承载力抗震调整系数γ_{RE}的取值范围为0.75~1.0,这意味着相比结构构件在静力荷载作用下的承载力来说,结构构件的抗震承载力设计值可适当提高。主要原因有两个:一是地震作用的偶然性;二是动力荷载作用下材料强度通常高于静力荷载下材料强度。

当仅计算竖向地震作用时,各类结构构件承载力抗震调整系数均应采用 1.0。

4.3.2　小震变形验算

在多遇地震作用下,建筑主体结构不受损坏,非结构构件(包括围护墙、隔墙、幕墙、内外装修等)没有过重破坏并导致人员无伤亡,保证建筑的正常使用功能。根据各国抗震规范的规定、震害经验和研究结果及工程实例分析,采用层间位移角作为衡量结构变形能力从而判别是否满足建筑功能要求的指标是合理的。

因砌体结构刚度大、变形小,以及厂房对非结构构件要求低,故可不验算砌体结构和厂房结构的弹性变形,而只验算框架结构、填充墙框架结构、框架-剪力墙结构、框架-支撑结构和框支结构的框支层部分的弹性变形。楼层内最大的弹性层间位移应符合:

$$\Delta u_e \leqslant \theta_e h \tag{4-25}$$

式中　Δu_e——多遇地震作用标准值产生的楼层最大弹性层间位移,计算时除以弯曲变形为主的高层建筑外,不应扣除结构整体弯曲变形和扭转变形。各作用分项系数取 1.0。钢筋混凝土结构构件的截面刚度可采用弹性刚度;

　　　　θ_e——弹性层间位移角限值,见表 4-13;

　　　　h——计算楼层层高。

表 4-13　　　　　　　　　　　　　弹性层间位移角限值

结构类型	θ_e
钢筋混凝土框架	1/550
钢筋混凝土框架-抗震墙、板柱-抗震墙、框架-核心筒	1/800
钢筋混凝土抗震墙、筒中筒	1/1 000
钢筋混凝土框支层	1/1 000
多、高层钢结构	1/250

4.3.3　大震变形验算

一般罕遇地震的地面运动加速度峰值是多遇地震的 4～6 倍,在罕遇地震烈度下,结构会进入弹塑性阶段。为抵抗地震的持续作用,要求结构有较好的延性,通过塑性变形来消耗地震能量。因此,应对结构的薄弱层进行弹塑性变形验算,一般在强震作用下使其小于某一限值,以保证结构不致倒塌。

1. 验算范围

(1)抗震规范规定了应进行罕遇地震作用下薄弱层弹塑性变形验算的结构:

①8 度 Ⅲ、Ⅳ 类场地和 9 度时高大的单层钢筋混凝土柱厂房的横向排架;

②7～9 度时的楼层屈服强度系数小于 0.5 的钢筋混凝土框架结构和框排架结构;

③高度大于 150 m 的结构;

④甲类建筑和 9 度时乙类建筑中的钢筋混凝土结构和钢结构;

⑤采用隔震和消能减震设计的结构。

楼层屈服强度系数为按钢筋混凝土构件实际配筋和材料强度标准值计算的楼层受剪

承载力和按罕遇地震作用标准值计算的楼层弹性地震剪力的比值,这是判断结构薄弱层的重要参数。

(2)抗震规范还规定了宜进行罕遇地震作用下薄弱层弹塑性变形验算的结构:

①采用时程分析法的高度范围且属于竖向不规则的高层建筑结构;

②7度Ⅲ、Ⅳ类场地和8度时乙类建筑中的钢筋混凝土结构和钢结构;

③板柱-抗震墙结构和底部框架砌体房屋;

④高度不大于150 m的其他高层钢结构;

⑤不规则的地下建筑结构 $\xi_y(i)$ 及地下空间综合体。

2. 结构薄弱层

结构第 i 层的楼层屈服强度系数 $\xi_y(i)$ 用式(4-26)计算:

$$\xi_y(i) = \frac{V_y(i)}{V_e(i)} \tag{4-26}$$

式中 $V_y(i)$——按构件实际配筋和材料强度标准值计算的第 i 层受剪承载力;

$V_e(i)$——大震作用下第 i 层的弹性地震剪力。

计算大震地震作用时,无论是钢筋混凝土结构还是钢结构,阻尼比均取0.05。

屈服强度系数 ξ_y 反映了结构中楼层的承载力与该楼层所受弹性地震剪力的相对关系。大震时 ξ_y 值较小的楼层先屈服,弹塑性变形较大形成"塑性变形集中"的现象,该楼层即为薄弱层。

抗震规范规定了结构薄弱层位置的确定要求:当 ξ_y 沿高度分布均匀时,可取底层;当 ξ_y 沿高度分布不均匀,取最小的和相对较小的,一般不超过三处;单层厂房,取上柱。

3. 弹塑性变形计算

结构在强震作用下的弹塑性变形计算是一个非常复杂的问题,目前研究中所使用的计算方法在工程应用方面尚不成熟。迄今,各国抗震规范的变形估计方法有三种:一是按假想的完全弹性体计算;二是将额定的地震作用下的弹性变形乘以放大系数;三是用时程分析法等专门程序计算。第二种方法相对比较简便,也是使用最多的方法。

抗震规范规定,不超过12层且刚度无突变的钢筋混凝土框架结构和框排架结构、单层钢筋混凝土柱厂房等,可采用这种简化计算方法;对于其他的建筑结构,可采用静力弹塑性分析方法或弹塑性时程分析方法。其中,规则结构可采用弯剪层模型或平面杆系模型,不规则结构应采用空间结构模型。

弹塑性层间位移的计算:

$$\Delta u_p = \eta_p \Delta u_e \tag{4-27}$$

$$\Delta u_p = \mu \Delta u_y = \frac{\eta_p}{\xi_y} \Delta u_e \tag{4-28}$$

式中 Δu_p——弹塑性层间位移;

Δu_y——层间屈服位移;

μ——楼层延性系数;

Δu_e——罕遇地震作用下按弹性分析的层间位移;

η_p——弹塑性层间位移增大系数,当薄弱层(部位)的屈服强度系数不小于相邻层(部位)该系数平均值的 0.8 时,见表 4-14。当不大于该平均值的 0.5 时,可按表 4-14 内相应数值的 1.5 倍采用;其他情况可采用内插法取值;

ξ_y——楼层屈服强度系数。

表 4-14 弹塑性层间位移增大系数 η_p

结构类型	总层数 n 或部位	ξ_y		
		0.5	0.4	0.3
多层均匀框架结构	2~4	1.30	1.40	1.60
	5~7	1.50	1.65	1.80
	8~12	1.80	2.00	2.20
单层厂房	上柱	1.30	1.60	2.00

4. 弹塑性变形验算

薄弱楼层弹塑性层间位移的验算:

$$\Delta u_p \leqslant \theta_p h \qquad (4\text{-}29)$$

式中 θ_p——弹塑性层间位移角限值,见表 4-15;对钢筋混凝土框架结构,当轴压比小于 0.4 时,可提高 10%;当柱子全高箍筋构造比规定的最小配箍特征值大 30% 时,可提高到 20%,但累计不应超过 25%;

h——薄弱层楼层高度或单层厂房上柱高度。

表 4-15 弹塑性层间位移角限值

结构类型	θ_p
单层钢筋混凝土柱排架	1/30
钢筋混凝土框架	1/50
底部框架砌体房屋中的框架抗震墙	1/100
钢筋混凝土框架-抗震墙、板柱-抗震墙、框架-核心筒	1/100
钢筋混凝土抗震墙、筒中筒	1/120
多、高层钢结构	1/50

4.4 钢筋混凝土结构抗震验算要点

钢筋混凝土结构在实际工程中应用比较广泛,包括框架结构、框架-抗震墙结构、抗震墙结构、筒体结构等不同类型,各种类型的钢筋混凝土结构房屋最大高度和最大高宽比的具体要求见第 3 章。钢筋混凝土结构的三强三弱原则,即强柱弱梁、强剪弱弯、强节点弱杆件是重要的设计原则,不仅体现在结构选型阶段的概念设计中,而且反映在梁、柱、墙及节点的抗震验算方法和相应的构造要求中。

4.4.1 抗震等级

钢筋混凝土房屋的抗震等级是重要的设计参数,应根据设防类别、结构类型、烈度和房屋高度四个因素确定,详见表 4-16。抗震等级体现了钢筋混凝土房屋结构延性要求的不同,以及同一种构件在不同结构类型中的延性要求的不同,钢筋混凝土房屋结构根据其抗震等级采取相应的抗震措施,包括抗震计算时的内力调整措施和各种抗震构造措施。

表 4-16　　　　　　　　　　现浇钢筋混凝土结构的抗震等级

结构类型		设防烈度									
		6		7			8			9	
框架结构	高度/m	≤24	>24	≤24	>24		≤24	>24		≤24	
	框架	四	三	三	二		二	一		一	
	大跨度框架	三		二			一			一	
框架-抗震墙结构	高度/m	≤60	>60	≤24	25~60	>60	≤24	25~60	>60	≤24	25~50
	框架	四	三	四	三	二	三	二	一	二	一
	抗震墙	三	三	三	二	二	二	二	一	二	一
抗震墙结构	高度/m	≤80	>80	≤24	25~80	>80	≤24	25~80	>80	≤24	25~60
	框架	四	三	四	三	二	三	二	一	二	一
部分框支抗震墙结构	高度/m	≤80	>80	≤24	25~80	>80	≤24	25~80		—	—
	抗震墙 一般部位	四	三	四	三	二	三	二		—	—
	抗震墙 加强部位	三	二	三	二	一	二	一		—	—
	框支层框架	二		二	一		一			—	—
框架-核心筒结构	框架	三		二			一			一	
	核心筒	二		二			一			一	
筒中筒结构	外筒	三		二			一			一	
	内筒	三		二			一			一	
板柱-抗震墙结构	高度/m	≤35	>35	≤35	>35		≤35	>35		—	—
	框架、板柱的柱	三	二	二	二		一			—	—
	抗震墙	二	二	二	一		一			—	—

注:建筑物场地为 I 类场地时,除 6 度外应允许按表内降低一度所对应的抗震等级采取抗震构造措施,但相应的计算要求不应降低;接近或等于高度分界时,应允许结合房屋不规则程度及场地、地基条件确定抗震等级;大跨度框架指跨度不小于 18 m 的框架;高度不超过 60 m 的框架-核心筒结构按框架-抗震墙的要求设计,应按表中框架-抗震墙结构的规定确定其抗震等级。

4.4.2 构件验算要点

在抗震验算中,需根据三强三弱原则对构件内力进行调整,内力调整系数和抗震等级、设防烈度等有关,详细内容可参见抗震规范。

1. 强柱弱梁——柱端的受弯承载力调整

与梁端屈服相比,柱端屈服更容易形成倒塌机制。强柱弱梁强调的是,要求塑性铰出现在梁端,这样结构可以有较大的内力重分布和能量消耗能力。在强震作用下的结构构件,不存在承载力储备,梁端受弯承载力即为实际可能达到的最大弯矩,柱端实际可能达到的最大弯矩一般也与偏压下的受弯承载力相等,如图 4-6 所示。

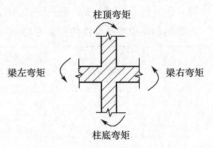

图 4-6　梁端与柱端的受弯承载力

(1)柱端弯矩设计值增大

在设计中,采用增大柱端弯矩设计值的方法,可以在一定程度上推迟柱端出现塑性铰。除框架顶层和柱轴压比小于 0.15 者及框支梁与框支柱的节点外,柱端组合的弯矩设计值应按梁端弯矩予以放大。

一、二、三、四级框架的梁柱节点处,除框架顶层和柱轴压比小于 0.15 者及框支梁与框支柱的节点外,柱端组合的弯矩设计值应符合:

$$\sum M_c = \eta_c \sum M_b \tag{4-30}$$

一级的框架结构和 9 度的一级框架可不符合式(4-30)要求,但应符合:

$$\sum M_c = 1.2 \sum M_{bua} \tag{4-31}$$

式中　$\sum M_c$——节点上下柱端截面顺时针或逆时针方向组合的弯矩设计值之和,上下柱端的弯矩设计值可按弹性分析予以分配;

$\sum M_b$——节点左右梁端截面逆时针或顺时针方向组合的弯矩设计值之和,一级框架节点左右梁端均为负弯矩时,绝对值较小的弯矩应取零;

$\sum M_{bua}$——节点左右梁端截面逆时针或顺时针方向实配的正截面抗震受弯承载力所对应的弯矩值之和,根据实配钢筋面积(计入梁受压筋和相关楼板钢筋)和材料强度标准值确定;

η_c——框架柱端弯矩增大系数,对框架结构,一、二、三、四级可分别取 1.7、1.5、1.3、1.2,对其他结构类型中的框架,一、二、三、四级可分别取 1.4、1.2、1.1、1.1。

此外,一、二、三、四级框架的角柱,经上述调整后的组合弯矩设计值尚应乘以不小于 1.1 的增大系数。

(2)底层柱嵌固端弯矩设计值增大

框架结构计算嵌固端所在层即底层的柱下端过早出现塑性屈服,将影响整个结构的抗地震倒塌能力,故嵌固端截面乘以弯矩增大系数,这是为了避免框架结构柱下端过早屈服,抗震规范提出了按柱上下端不利情况配置纵筋的要求。

一、二、三、四级框架结构的底层,柱下端截面组合的弯矩设计值,应分别乘增大系数1.7、1.5、1.3、1.2。

2.强剪弱弯——梁、柱和抗震墙底部的受剪承载力调整

与弯曲屈服所致延性破坏形态不同,构件的剪切破坏呈现脆性破坏的特点。强剪弱弯,强调的就是防止梁、柱和抗震墙底部在弯曲屈服前出现剪切破坏,要求这些构件的受剪承载力要大于构件弯曲时实际达到的剪力。

梁、柱和抗震墙底部的受剪承载力如图 4-7 所示。截取梁段单元,除需承担竖向荷载作用下的梁端剪力外,梁端的受剪承载力尚需抵抗在梁左、右端的弯矩设计值;对柱而言,柱端的受剪承载力需能抵抗在柱上、下端的弯矩设计值;抗震墙单元则相对简单一些,抗震墙底部单元的受剪承载力需能抵抗其设计剪力值。为提高梁、柱和抗震墙底部的抗剪能力,采用乘以剪力增大系数的方法增大设计剪力值,对不同抗震等级的结构采用不同的剪力增大系数,使强剪弱弯的程度有所差别。

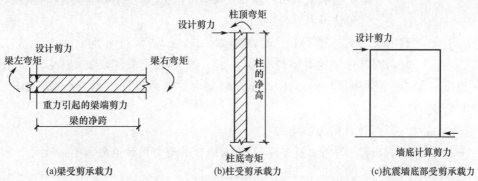

(a)梁受剪承载力 (b)柱受剪承载力 (c)抗震墙底部受剪承载力

图 4-7 梁、柱和抗震墙底部的受剪承载力示意图

(1)梁的设计剪力值增大

一、二、三级的框架梁和抗震墙的连梁,其梁端截面组合的剪力设计值应调整:

$$V = \eta_{Vb} \frac{M_b^l + M_b^r}{l_n} + V_{Gb} \tag{4-32}$$

一级的框架结构和 9 度的一级框架梁、连梁可不按式(4-32)调整,但应符合:

$$V = 1.1 \frac{M_{bua}^l + M_{bua}^r}{l_n} + V_{Gb} \tag{4-33}$$

式中 V——梁端截面组合的剪力设计值;

l_n——梁的净跨;

V_{Gb}——梁在重力荷载代表值(9 度时高层建筑还应包括竖向地震作用标准值)作用下,按简支梁分析的梁端截面剪力设计值;

M_b^l、M_b^r——分别为梁左右端逆时针或顺时针方向组合的弯矩设计值,一级框架两端弯矩均为负弯矩时,绝对值较小的弯矩应取零;

M_{bua}^l、M_{bua}^r——分别为梁左右端逆时针或顺时针方向实配的正截面抗震受弯承载力所对应的弯矩值,根据实配钢筋面积(计入梁受压筋和相关楼板钢筋)和材料强度标准值确定;

η_{Vb}——梁端剪力增大系数,一、二、三级可分别取 1.3、1.2、1.1。

(2)柱的设计剪力值增大

一、二、三、四级的框架柱和框支柱组合的剪力设计值应调整：

$$V = \eta_{Vc} \frac{M_c^b + M_c^t}{H_n} \tag{4-34}$$

一级的框架结构和 9 度的一级框架可不按式(4-35)调整,但应符合：

$$V = 1.2 \frac{M_{cua}^b + M_{cua}^t}{H_n} \tag{4-35}$$

式中　V——柱端截面组合的剪力设计值,框支柱的剪力设计值尚应符合相关规定；

　　　　H_n——柱的净高；

　　　　M_c^b、M_c^t——分别为柱的上下端顺时针或逆时针方向截面组合的弯矩设计值；

　　　　M_{cua}^b、M_{cua}^t——分别为偏心受压柱的上下端顺时针或逆时针方向实配的正截面抗震受弯承载力所对应的弯矩值,根据实配钢筋面积、材料强度标准值和轴压力等确定；

　　　　η_{Vc}——柱剪力增大系数,对框架结构,一、二、三、四级可分别取 1.5、1.3、1.2、1.1；对其他结构类型的框架,一、二、三、四级可分别取 1.4、1.2、1.1、1.1。

此外,一、二、三、四级框架的角柱,经上述调整后的剪力设计值尚应乘以不小于 1.1 的增大系数。

(3)抗震墙底部的设计剪力值增大

一、二、三级的抗震墙底部加强部位,其截面组合的剪力设计值应调整：

$$V = \eta_{Vw} V_w \tag{4-36}$$

9 度的一级抗震墙可不按式(4-36)调整,但应符合：

$$V = 1.1 \frac{M_{wun}}{M_w} V_w \tag{4-37}$$

式中　V——抗震墙底部加强部位截面组合的剪力设计值；

　　　　V_w——抗震墙底部加强部位截面组合的剪力计算值；

　　　　M_{wun}——抗震墙底部截面按实配纵筋面积、材料强度标准值和轴力等计算的抗震受弯承载力所对应的弯矩值；

　　　　M_w——抗震墙底部截面组合的弯矩设计值；

　　　　η_{Vw}——抗震墙剪力增大系数,一、二、三级可分别取 1.6、1.4、1.2。

(4)限制梁、柱和抗震墙的剪压比

钢筋混凝土构件的剪压比是截面上平均剪应力与混凝土轴心抗压强度设计值的比值,用以说明截面上名义剪应力的大小。限制构件的剪压比是为了防止出现混凝土构件过早出现剪切破坏形态,是保证其耗能能力所必需的。

对于跨高比大于 2.5 的梁、剪跨比大于 2 的柱和抗震墙,其截面的剪压比要求：

$$V \leqslant \frac{1}{\gamma_{RE}} (0.20 f_c b h_0) \tag{4-38}$$

对于跨高比不大于 2.5 的梁、剪跨比不大于 2 的柱和抗震墙,其截面的剪压比要求：

$$V \leqslant \frac{1}{\gamma_{RE}}(0.15f_c bh_0) \qquad (4\text{-}39)$$

式中 V——调整后的梁端、柱端或墙端组合剪力设计值；

f_c——混凝土轴心抗压强度设计值；

b——梁、柱截面宽度或抗震墙墙肢截面宽度,圆形截面柱可按面积相等的方形截面计算；

h_0——截面有效高度,抗震墙可取墙肢长度。

其中,剪跨比按柱和抗震墙端组合的弯矩计算值、对应截面的剪力计算值和截面有效高度确定。

3. 强节点弱杆件——节点的受剪承载力调整

节点是梁、柱构件的公共区域,也是进行力传递的枢纽,节点的失效意味着与之相连的梁、柱会同时失效。同时,为了保证梁端而不是柱端出现塑性铰机制,梁纵筋应在节点区域有可靠的锚固。节点核芯区是保证框架承载力和抗倒塌能力的关键部位,强节点弱杆件强调的是,节点承载力不应小于其连接构件的承载力,保证在小震时节点处于弹性阶段,保证在大震时节点承载力的下降不致危及竖向荷载的传递。

节点核芯区的受力状态比较复杂,主要是承受压力和水平剪力的组合作用,其中作用于节点的剪力主要来自梁的作用。为保证节点核芯区在压力和剪力用下的变形能力,防止混凝土的斜压破坏,需要提高其抗剪承载力。

矩形截面的梁、柱正交的情况是工程中最常见的情况,下面以此情况为例对节点核芯区加以说明。

(1)节点的设计剪力值增大

梁端的设计弯矩在核芯区产生了沿梁上下侧纵筋之间的剪力对,同时也在柱的上下反弯点之间产生剪力对,这两组剪力之差就形成了节点剪力。节点剪力、受力示意图和验算尺寸简图如图4-8所示。

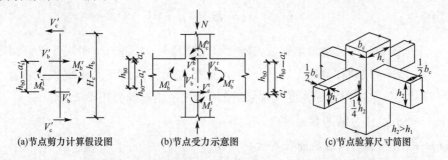

(a)节点剪力计算假设图   (b)节点受力示意图   (c)节点验算尺寸简图

图4-8 节点剪力、受力示意图和验算尺寸简图

一、二、三级框架节点核芯区应进行抗震验算;四级框架节点核芯区可不进行抗震验算,但应符合抗震构造措施的要求。

一、二、三级框架节点核芯区组合的剪力设计值:

$$V_j = \frac{\eta_{jb} \sum M_b}{h_{b0} - a_s'} \left(1 - \frac{h_{b0} - a_s'}{H_c - h_b}\right) \tag{4-40}$$

一级框架结构及 9 度的一级框架可不按式(4-40)确定,但应符合:

$$V_j = \frac{1.15 \sum M_{bua}}{h_{b0} - a_s'} \left(1 - \frac{h_{b0} - a_s'}{H_c - h_b}\right) \tag{4-41}$$

式中　V_j——梁柱节点核芯区组合的剪力设计值;

　　　　H_c——柱的计算高度,可取节点上下柱反弯点之间的距离;

　　　　h_{b0}——梁截面的有效高度,节点两侧梁截面高度不等时可取平均值;

　　　　h_b——梁的截面高度,节点两侧梁截面高度不等时取平均值;

　　　　a_s'——梁受压钢筋合力点至受压边缘的距离;

　　　　η_{jb}——节点剪力增大系数,对于框架结构,一级宜取 1.5,二级宜取 1.35,三级宜取 1.2;对于其他结构中的框架,一级宜取 1.35,二级宜取 1.2,三级宜取 1.1;

　　　　$\sum M_b$——节点左右梁端逆时针或顺时针方向组合弯矩设计值之和,一级框架节点左右梁端均为负弯矩时,绝对值较小的弯矩应取零;

　　　　$\sum M_{bua}$——节点左右梁端逆时针或顺时针方向实配的正截面抗震受弯承载力所对应的弯矩值之和,可根据实配钢筋面积(计入梁受压筋和相关楼板钢筋)和材料强度标准值确定。

(2)控制节点剪压比

与钢筋混凝土梁、柱和抗震墙的剪压比要求类似,抗震规范也提出了控制节点剪压比的要求。因节点核芯区周围有梁的约束,剪压比限值可适当放宽。

抗震规范规定,节点核芯区组合的剪力设计值,应符合要求:

$$V_j \leqslant \frac{1}{\gamma_{RE}} (0.30 \eta_j f_c b_j h_j) \tag{4-42}$$

式中　η_j——正交梁的约束影响系数,楼板为现浇,梁柱中线重合,四侧各梁截面宽度不小于该侧柱截面宽度的 1/2,且正交方向梁高度不小于框架梁高度的 3/4 时,可采用 1.5,9 度时宜采用 1.25,其他情况均采用 1.0;

　　　　h_j——节点核芯区的截面高度;

　　　　b_j——节点核芯区的截面有效验算宽度;

　　　　γ_{RE}——承载力抗震调整系数。

节点核芯区截面有效验算宽度,当验算方向的梁截面宽度不小于该侧柱截面宽度的 1/2 时,可采用该侧柱截面宽度,当小于柱截面宽度的 1/2 时,可采用下列二者的较小值:

$$b_j = b_b + 0.5 h_c \tag{4-43}$$

$$b_j = b_c \tag{4-44}$$

式中　b_j——节点核芯区的截面有效验算宽度；

　　　b_b——梁截面宽度；

　　　h_c——验算方向的柱截面高度；

　　　b_c——验算方向的柱截面宽度。

当梁、柱的中线不重合且偏心距不大于柱宽的 1/4 时,核芯区的截面有效验算宽度可采用式(4-43)、式(4-44)和式(4-45)计算结果的较小值：

$$b_j = 0.5(b_b + b_c) + 0.25h_c - e \tag{4-45}$$

式中　e——梁与柱中线的偏心距。

(3)节点的承载力验算

节点的承载力验算公式类似钢筋混凝土梁、柱的表达式：

$$V_j \leqslant \frac{1}{\gamma_{RE}}\left(1.1\eta_j f_t b_j h_j + 0.05\eta_j N \frac{b_j}{b_c} + f_{yv}A_{svj}\frac{h_{b0}-a_s'}{s}\right) \tag{4-46}$$

一级框架结构和 9 度的一级框架时可不按式(4-46)确定,但应符合：

$$V_j \leqslant \frac{1}{\gamma_{RE}}\left(0.9\eta_j f_t b_j h_j + f_{yv}A_{svj}\frac{h_{b0}-a_s'}{s}\right) \tag{4-47}$$

式中　N——对应于组合剪力设计值的上柱组合轴向压力的较小值,不应大于柱的截面
　　　　　面积和混凝土轴心抗压强度设计值的 50%,当 N 为拉力时,$N=0$；

　　　f_t、f_{yv}——混凝土抗拉强度设计值、箍筋的抗拉强度设计值；

　　　A_{svj}——核芯区有效验算宽度范围内同一截面验算方向各肢箍筋的总截面面积；

　　　s——箍筋间距。

4.4.3　主要构造要求

为保证结构的整体性、耗能能力及保证多道防线,抗震规范提出了钢筋混凝土结构抗震设计的构造措施要求,包括截面尺寸、最小配筋要求、竖向构件轴压比、混凝土墙的边缘构件等,主要内容简述如下。

1. 截面尺寸

(1)混凝土框架梁

截面宽度不宜小于 200 mm,截面高宽比不宜大于 4;净跨与截面高度之比不宜小于 4。

(2)混凝土框架柱

截面的宽度和高度,四级或不超过 2 层时不宜小于 300 mm,一、二、三级且超过 2 层时不宜小于 400 mm;剪跨比宜大于 2;截面长边与短边的边长比不宜大于 3。

(3)混凝土抗震墙

对于抗震墙结构,抗震墙的厚度,一、二级不应小于 160 mm 且不宜小于层高或无支长度的 1/20,三、四级不应小于 140 mm 且不宜小于层高或无支长度的 1/25;底部加强部

位的墙厚,一、二级不应小于 200 mm 且不宜小于层高或无支长度的 1/16,三、四级不应小于 160 mm 且不宜小于层高或无支长度的 1/20。

对于框架-抗震墙结构、板柱-抗震墙结构等,抗震墙的厚度要求有所提高。

2. 最小配筋要求

(1)框架梁的钢筋配置

梁端纵向受拉钢筋的配筋率不宜大于 2.5%;沿梁全长顶面、底面的配筋,不应少于 2Φ14 (一、二级)或 2Φ12(三、四级);计入受压钢筋的混凝土受压区高度和有效高度之比,一级不应大于 0.25,二、三级不应大于 0.35;梁端截面的底面和顶面纵筋配筋量之比值,除按计算确定外,一级不应小于 0.5,二、三级不应小于 0.3。

梁端箍筋加密区的长度、箍筋最大间距和最小直径见表 4-17。梁端加密区的箍筋肢距,一级不宜大于 200 mm 和 20 倍箍筋直径的较大值,二、三级不宜大于 250 mm 和 20 倍箍筋直径的较大值,四级不宜大于 300 mm。

表 4-17 **梁端箍筋加密区的长度、箍筋最大间距和最小直径**

抗震等级	加密区长度(采用较大值)/mm	箍筋最大间距(采用较小值)/mm	箍筋最小直径/mm
一	$2h_b$,500	$h_b/4,6d$,100	10
二	$1.5h_b$,500	$h_b/4,8d$,100	8
三	$1.5h_b$,500	$h_b/4,8d$,150	8
四	$1.5h_b$,500	$h_b/4,8d$,150	6

注:d 为柱纵筋最小直径,h_b 为梁高。

(2)框架柱的钢筋配置

柱的纵筋宜对称配置。柱截面纵筋的最小总配筋率,见表 4-18,同时每侧的配筋率不应小于 0.2%;柱纵筋的总配筋率不宜大于 5%;剪跨比不大于 2 的一级框架柱,每侧配筋率不宜大于 1.2%。

表 4-18 **柱截面纵筋的最小总配筋率** %

类别	抗震等级			
	一	二	三	四
中柱和边柱	0.9(1.0)	0.7(0.8)	0.6(0.7)	0.5(0.6)
角柱、框支柱	1.1	0.9	0.8	0.7

柱的箍筋应在规定范围内加密,加密范围为:柱端取截面高度、柱净高的 1/6 和 500 mm 三者的最大值,底层柱的下端不小于柱净高的 1/3,剪跨比不大于 2 的柱、净高与柱截面高度之比不大于 4 的柱、框支柱、一级和二级框架的角柱,取全高范围。柱箍筋加密区的箍筋最大间距和最小直径见表 4-19,柱箍筋加密区的箍筋肢距,一级不宜大于 200 mm,二、三级不宜大于 250 mm,四级不宜大于 300 mm。柱箍筋加密区的体积配箍率,不应小于 0.8%(一级)、0.6%(二级)、0.4%(三、四级)。

表 4-19　　　　　　　　　　柱箍筋加密区的箍筋最大间距和最小直径

抗震等级	箍筋最大间距（采用较小值）/mm	箍筋最小直径/mm
一	$6d$,100	10
二	$8d$,100	8
三	$8d$,150（柱根 100）	8
四	$8d$,150（柱根 100）	6（柱根 8）

注：d 为柱纵筋最小直径,柱根指底层柱下端箍筋加密区。

（3）抗震墙的钢筋配置：

对于抗震墙结构，一、二、三级抗震墙的竖向和横向分布钢筋最小配筋率均不应小于 0.25%，四级抗震墙分布钢筋最小配筋率不应小于 0.2%；部分框支抗震墙结构的落地抗震墙底部加强部位,竖向和横向分布钢筋配筋率均不应小于 0.3%。抗震墙的竖向和横向分布钢筋的间距不宜大于 300 mm,部分框支抗震墙结构的落地抗震墙底部加强部位，竖向和横向分布钢筋的间距不宜大于 200 mm。抗震墙竖向和横向分布钢筋的直径，均不宜大于墙厚的 1/10 且不应小于 8 mm;竖向钢筋直径不宜小于 10 mm。

对于框架-抗震墙结构、板柱-抗震墙结构等,抗震墙的钢筋配置要求有所提高。

3. 柱、抗震墙的轴压比

轴压比,即轴压力设计值与全截面面积和混凝土轴心抗压强度设计值乘积之比,表示的是柱、抗震墙截面的名义压应力。对轴压比加以限制,是为了保证构件的变形能力。柱轴压比限值见表 4-20；一、二、三级抗震墙在重力荷载代表值作用下墙肢的轴压比,一级时,9 度不宜大于 0.4,7、8 度不宜大于 0.5;二、三级时不宜大于 0.6。

表 4-20　　　　　　　　　　柱轴压比限值

结构类型	抗震等级			
	一	二	三	四
框架结构	0.65	0.75	0.85	0.90
框架-抗震墙、板柱-抗震墙、框架-核心筒及筒中筒	0.75	0.85	0.90	0.95
部分框支抗震墙	0.60	0.70	—	—

4. 混凝土抗震墙的边缘构件

端部设置边缘构件是保证混凝土抗震墙承载能力和变形能力的必要条件,包括暗柱、端柱和翼墙等。约束边缘构件是针对竖向应力相对较大的抗震墙,构造边缘构件则是针对其他情况下的抗震墙设置,设置构造边缘构件的最大轴压比见表 4-21。构造边缘构件、约束边缘构件的构造如图 4-9、图 4-10 所示,可见约束边缘构件的设置要求明显高于构造边缘构件。

表 4-21　　　　　　　　　　抗震墙设置构造边缘构件的最大轴压比

抗震等级或烈度	一级（9 度）	一级（7、8 度）	二、三级
轴压比	0.1	0.2	0.3

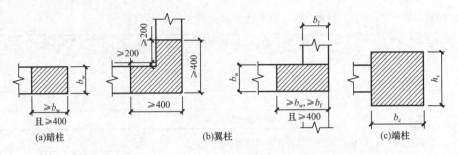

图 4-9　抗震墙的构造边缘构件（单位：mm）

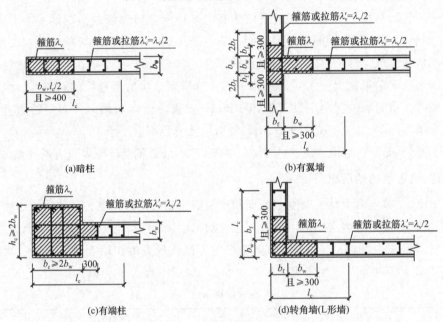

图 4-10　抗震墙的约束边缘构件（单位：mm）

4.5　砌体结构抗震验算要点

对砌体结构而言，一般情况下，承重纵墙因横向支撑较少，较易受弯曲破坏而导致倒塌，因此多层砌体房屋应优先采用横墙承重或纵横墙共同承重的布置方案，不应采用砌体墙和混凝土墙混合承重的体系。因所用材料不同，分为普通砖、多孔砖、小砌块等不同类型，抗震规范对砌体结构的高度及层数、高宽比有限制规定，详见第 3 章。下面介绍其抗震强度验算方法和构造措施。

4.5.1　抗震强度验算

砌体结构具有层数不多、质量和刚度沿高度分布比较均匀等特点，可按底部剪力法进行楼层地震作用计算，扭转影响可忽略不计。一般以考虑多遇地震作用下的抗震抗剪强度验算为主,主要针对水平地震作用下的砌体墙片进行,对于底框-抗震墙的砌体房屋,底框部分还需要按照钢筋混凝土结构的相关要求进行验算。

抗震抗剪强度验算应分别考虑房屋的沿横墙方向和沿纵墙方向的两个主轴方向,横向楼层的地震剪力全部由横向墙体来承担,在各抗侧力墙体之间的分配取决于每片墙体的层间抗侧力等效刚度和楼盖的类型;纵向楼层的地震剪力全部由各纵墙来承担,可按纵墙的刚度比例进行分配。

1. 墙体抗侧刚度

(1)无洞墙体

墙体在侧向力作用下一般包括弯曲变形和剪切变形,如图 4-11 所示。

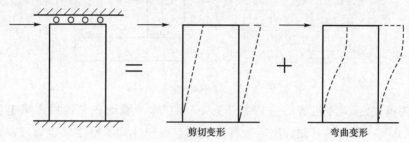

图 4-11 墙体的水平变形示意图

弯曲变形 δ_b 为

$$\delta_b = \frac{h^3}{12EI} = \frac{1}{Et}\left(\frac{h}{b}\right)^3 \tag{4-48}$$

剪切变形 δ_s 为

$$\delta_s = \frac{\zeta h}{GA} = \frac{\zeta h}{Gbt} \tag{4-49}$$

式中 h——墙体、门间墙或窗间墙的高度;

       A——墙体、门间墙或窗间墙的水平截面面积,$A = bt$;

       I——墙体、门间墙或窗间墙的水平截面惯性矩;

       b、t——墙体、墙段的宽度和厚度;

       ζ——截面剪应力分布不均匀系数,对矩形截面可取 1.2;

       E——砌体弹性模量;

       G——砌体剪切模量,一般取 $G = 0.4E$。

总变形为

$$\delta = \delta_b + \delta_s \tag{4-50}$$

$h/b < 1$ 时,只考虑剪切变形,则墙侧移刚度为

$$k = \frac{1}{\delta_s} = \frac{Etb}{3h} \tag{4-51}$$

$1 \leqslant h/b < 4$ 时,应同时考虑弯曲变形和剪切变形,则墙侧移刚度为

$$k=\frac{1}{\delta}=\frac{1}{\delta_{b}+\delta_{s}}=\frac{Et}{\frac{h}{b}\left[\left(\frac{h}{b}\right)^{2}+3\right]}\qquad(4\text{-}52)$$

$h/b\geqslant4$ 时,以弯曲变形为主,取墙侧移刚度 $k\approx0$。

(2)有洞墙体

当一片墙上开有门窗洞口时,可以将墙体洞口情况按照自下向上的顺序划分若干墙段,逐个单元计算刚度,按照串、并联的单元模型计算整个墙体的抗侧刚度,如图 4-12 所示,其中虚线表示高宽比大于 4 的墙段,其抗侧刚度可以忽略不计。

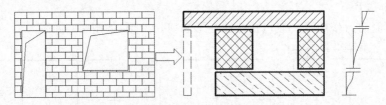

图 4-12 开洞墙体的抗侧刚度分析示意图

抗震规范规定,对于设置构造柱的开洞率(洞口水平截面积与墙段水平毛截面积之比)不大于 0.30 的墙段,其侧移刚度也可按墙段毛面积计算的刚度乘以墙段洞口影响系数得到,见表 4-22。

表 4-22 墙段洞口影响系数

开洞率	0.10	0.20	0.30
影响系数	0.98	0.94	0.88

2. 墙体抗震受剪承载力验算

普通砖、多孔砖墙体的截面抗震受剪承载力验算如下

$$V\leqslant\frac{f_{VE}A}{\gamma_{RE}}\qquad(4\text{-}53)$$

式中 V——墙体剪力设计值;

A——墙体横截面面积,多孔砖取毛截面面积;

γ_{RE}——承载力抗震调整系数,承重墙按表 4-12 采用,自承重墙按 0.75 采用;

f_{VE}——砌体沿阶梯形截面破坏的抗震抗剪强度设计值:

$$f_{VE}=\zeta_{N}f_{V}\qquad(4\text{-}54)$$

式中 f_{V}——非抗震设计的砌体抗剪强度设计值;

ζ_{N}——砌体抗震抗剪强度的正应力影响系数,见表 4-23。

表 4-23 砌体抗震抗剪强度的正应力影响系数 ζ_{N}

砌体类别	σ_0/f_V							
	0.0	1.0	3.0	5.0	7.0	10.0	12.0	$\geqslant16.0$
普通砖,多孔砖	0.80	0.99	1.25	1.47	1.65	1.90	2.05	—
小砌块	—	1.23	1.69	2.15	2.57	3.02	3.32	3.92

注:σ_0 为对应于重力荷载代表值的砌体截面平均压应力。

由此可见,一般可根据工程经验,选择若干抗震不利墙段进行验算,这些抗震不利墙段可能是底层、顶层或砂浆强度变化的楼层墙体,也可能是从属面积较大或承担地震作用较大、竖向正应力较小和局部截面较小的墙体等。限于篇幅,这里不多介绍,结合砌体结构实例在本书第 5 章进行介绍。

对于采用水平配筋的墙体,抗震强度验算中需要计入水平钢筋的影响,钢筋参与工作系数等参数详见抗震规范的规定;对于构造柱的影响一般不以显式计入,当构造柱截面、设置要求、配筋满足要求时,用砌体部分承载力的调整系数反映构造柱的约束作用,同时考虑了构造柱中混凝土、配筋部分对抗剪强度的影响,具体的验算规定详见抗震规范的第 7.2.7 条。对于混凝土小砌块墙体,抗震强度验算中需要计入钢筋混凝土芯柱中混凝土、配筋部分对抗剪强度的影响,具体的验算规定详见抗震规范的第 7.2.8 条。

3.底框部分的抗震验算规定

底层框架中框架柱与抗震墙的剪力,应按两道防线的设计思想进行分配,框架柱部分属于相对重要的抗震构件。

底部框架-抗震墙砌体房屋的地震作用采用底部剪力法计算,上部砌体房屋的抗震强度验算如以前所述方法。底部框架的地震作用效应应进行调整,底层或底部两层的纵、横向地震剪力设计值均应乘以增大系数,其值应允许根据侧向刚度比值的大小在 1.2~1.5 选用,底层或底部两层的纵、横向地震剪力设计值应全部由该方向的抗震墙承担,并按各抗震墙侧向刚度比例分配。

框架柱承担的地震剪力设计值,可按框架柱所在层各抗侧力构件有效侧向刚度比例分配确定;有效侧向刚度的取值,框架不折减,混凝土墙可乘以折减系数 0.30,约束砖砌体或小型砌块砌体抗震墙可乘以折减系数 0.20。

$$V_c = \frac{K_c}{0.3\sum K_{cw} + 0.2\sum K_{bw} + \sum K_c}V \tag{4-55}$$

式中 K_c、K_{cw}、K_{bw}——钢筋混凝土框架、钢筋混凝土墙和砖砌体抗震墙的弹性抗侧刚度,在计算墙体的弹性抗侧刚度时,应考虑墙面开洞的影响。

框架柱的轴力应计入地震倾覆力矩引起的附加轴力,此时上部砖房可视为刚体,底部各轴线承受的地震倾覆力矩,可近似按底部抗震墙和框架的侧向刚度的比例分配确定,计算简图如图 4-13 所示。

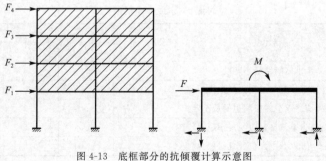

图 4-13 底框部分的抗倾覆计算示意图

嵌砌于框架之间的普通砖抗震墙或小砌块砌体墙,和框架成为组合的抗侧力构件,故底层框架柱的轴向力和剪力,应计入砖抗震墙或小砌块砌体墙承担的剪力设计值所引起的附加轴向力和附加剪力,计算简图如图 4-14 所示。

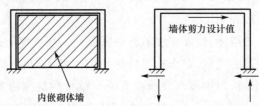

内嵌砌体墙

墙体剪力设计值

图 4-14　内嵌砌体抗震墙对两端框架附加轴向力和附加剪力的计算示意图

底层或底部两层框架部分,尚需进行多遇地震作用下结构的抗震变形验算,应符合钢筋混凝土结构抗震变形的有关规定。

4.5.2　构造措施

为保证小震不坏、大震不倒的抗震设防目标,还需要通过一系列构造措施来提高砌体结构房屋的抗震性能,包括抗震横墙间距、局部尺寸限值、钢筋混凝土构造柱或芯柱、钢筋混凝土圈梁、纵横墙连接、墙体与楼屋盖的连接、底部框架-抗震墙砌体房屋等。

1. 抗震横墙间距

房屋抗震横墙的间距见表 4-24,用以满足楼屋盖对传递地震作用的刚度要求。

表 4-24　　　　　　　　　　　**房屋抗震横墙的间距**　　　　　　　　　　　　　m

房屋类型		烈度			
		6	7	8	9
多层砌体房屋	现浇或装配整体式钢筋混凝土楼、屋盖	15	15	11	7
	装配式钢筋混凝土楼、屋盖	11	11	9	4
	木屋盖	9	9	4	—
底部框架-抗震墙砌体房屋	上部各层	同多层砌体房屋			
	底层或底部两层	18	15	11	

2. 局部尺寸限值

对砌体房屋局部尺寸的限制,在于防止因这些相对薄弱部位的失效造成整栋结构的破坏甚至倒塌,具体规定见表 4-25。

表 4-25　　　　　　　　　　　**房屋的局部尺寸限值**　　　　　　　　　　　　　m

部位	烈度			
	6	7	8	9
承重窗间墙最小宽度	1.0	1.0	1.2	1.5
承重外墙尽端至门窗洞边的最小距离	1.0	1.0	1.2	1.5
非承重外墙尽端至门窗洞边的最小距离	1.0	1.0	1.0	1.0
内墙阳角至门窗洞边的最小距离	1.0	1.0	1.5	2.0
无锚固女儿墙(非出入口处)的最大高度	0.5	0.5	0.5	0.0

3. 钢筋混凝土构造柱或芯柱

砌体墙片本身的变形能力较差,有效设置钢筋混凝土构造柱或芯柱及圈梁对砌体墙片产生约束作用,使墙体在侧向变形下仍具有良好的竖向及侧向承载力,提高墙片的往复变形能力;同时加强纵横墙的连接并箍住楼屋盖,从而可以有效地提高墙片及整个结构的抗倒塌能力。对于砖房可设置钢筋混凝土构造柱,其构造如图 4-15 所示,设置要求见表 4-26;对混凝土空心砌块房屋则可利用空心砌块孔洞设置钢筋混凝土芯柱,设置要求见表 4-27。构造柱或芯柱均要求先砌墙后浇钢筋混凝土构件且构造柱或芯柱的纵筋应穿过圈梁保证上下贯通,以保证整体性。构造柱或芯柱可不单独设置基础,但应伸入室外地面下 500 mm 或与埋深小于 500 mm 的基础圈梁相连。

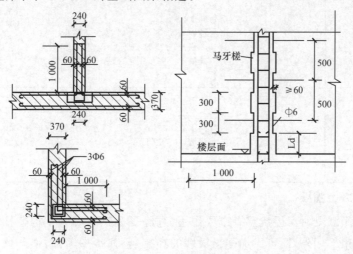

图 4-15　构造柱与墙体的连接构造(单位:mm)

表 4-26　　　　　　　　　　　　多层砖砌体房屋构造柱设置要求

房屋层数				设置部位	
6 度	7 度	8 度	9 度		
四、五	三、四	二、三	—	楼、电梯间四角和楼梯斜梯段上下端对应的墙体处;外墙四角和对应转角;错层部位横墙与外纵墙交接处;内墙较大洞口两侧	隔12 m 或单元横墙与外纵墙交接处;楼梯间对应的另一侧内横墙与外纵墙交接处
六	五	四	二		隔开间横墙(轴线)与外纵墙交接处;山墙与内纵墙交接处
七	≥六	≥五	≥三		内横墙(轴线)与外纵墙交接处;内横墙的局部较小墙垛处;内纵墙与横墙(轴线)交接处

注:内墙较大洞口,指不小于 2.1 m 的洞口。

表 4-27　　　　　　　　　　混凝土小砌块房屋芯柱设置要求

房屋层数				设置部位	设置数量
6 度	7 度	8 度	9 度		
四、五	三、四	二、三	—	外墙转角,楼、电梯间四角,楼梯斜梯段上下端对应的墙体处; 大房间内外墙交接处; 错层部位横墙与外纵墙交接处; 隔 12 m 或单元横墙与外纵墙交接处	外墙转角,灌实 3 个孔; 内外墙交接处,灌实 4个孔; 楼梯斜梯段上下端对应的墙体处,灌实 2 个孔
六	五	四	—	同上; 隔开间横墙(轴线)与外纵墙交接处	
七	六	五	二	同上; 各内横墙(轴线)与外纵墙交接处; 内纵墙与横墙(轴线)交接处和洞口两侧	外墙转角,灌实 5 个孔; 内外墙交接处,灌实 4个孔; 内墙交接处,灌实 2 个孔; 洞口两侧各灌实 1 个孔
—	七	≥六	≥三	同上; 横墙内芯柱间距不大于 2 m	外墙转角,灌实 7 个孔; 内外墙交接处,灌实 5个孔; 内墙交接处,灌实 4～5个孔; 洞口两侧各灌实 1 个孔

4. 钢筋混凝土圈梁

钢筋混凝土圈梁对房屋抗震有重要作用,它除了和钢筋混凝土构造柱或芯柱对墙体及房屋产生约束作用外,还可以加强纵横墙的连接,箍住楼屋盖,增强其整体性并可增强墙体的稳定性,设置要求见表 4-28。钢筋混凝土圈梁需闭合设置,一般要求现浇,遇有洞口应保证上下圈梁的搭接。钢筋混凝土圈梁的截面高度不应小于 120 mm,其配筋要求见表 4-29。

表 4-28　　　　　　　　　　钢筋混凝土圈梁的设置要求

墙类	烈度		
	6、7	8	9
外墙和内纵墙	屋盖处及每层楼盖处	屋盖处及每层楼盖处	屋盖处及每层楼盖处
内横墙	同上; 屋盖处间距不应大于 4.5 m; 楼盖处间距不应大于 7.2 m; 构造柱对应部位	同上; 各层所有横墙,且间距不应大于 4.5 m; 构造柱对应部位	同上; 各层所有横墙

表 4-29　　　　　　　　　　钢筋混凝土圈梁的配筋要求

配筋	烈度		
	6、7	8	9
最小纵筋	4Φ10	4Φ12	4Φ14
箍筋最大间距/mm	250	200	150

5. 纵横墙连接

需保证多层砖房纵横墙之间的连接,注意墙片之间连接的局部构造措施。对于多层砖房,6度、7度时长度大于 7.2 m 的大房间,以及 8度、9度时外墙转角及内外墙交接处,沿墙高每隔500 mm 配置 2Φ6 的通长拉结钢筋和Φ4 分布短筋的钢筋网片,如图 4-16 所示。砌块房屋拉结钢筋网片的设置部位见表 4-30。

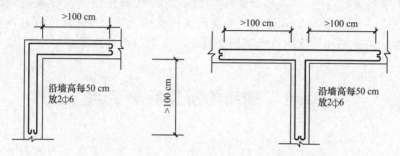

图 4-16　墙与墙体的拉接钢筋布置示意图

表 4-30　　　　　　　　　砌块房屋拉结钢筋网片的设置部位

烈度	设置部位
6、7	外墙四角,楼梯间四角,山墙与内纵墙交接处
8	内外墙交接处,楼梯间四角

6. 墙体与楼屋盖间的连接

现浇钢筋混凝土楼板或屋面板伸进纵、横墙内的长度,均不宜小于 120 mm;装配式钢筋混凝土楼板或屋面板,当圈梁未设在板的同一标高时,板端伸进外墙的长度不应小于 120 mm,伸进内墙的长度不宜小于 100 mm。

需采用必要的砖房加强措施。所有纵横墙交接处及横墙中部,均应增设构造柱,纵筋和箍筋设置要求见表 4-31。所有纵横墙均应在楼屋盖标高处设加强的现浇钢筋混凝土圈梁;楼屋盖板均应设置在同一标高处。

表 4-31　　　　　　　　砌体加强部位的纵筋、箍筋的设置要求

位置	纵筋			箍筋		
	最大配筋率/%	最小配筋率/%	最小直径/mm	加密区范围/mm	加密区间距/mm	最小直径/mm
角柱	1.8	0.8	14	全高	100	6
边柱			14	上端 700 下端 500		
中柱	1.4	0.6	12			

7. 底部框架-抗震墙砌体房屋

对于底部框架-抗震墙砌体房屋,上部墙体应如一般的砌体房屋设置构造措施,其中构造柱或芯柱应与圈梁连接或与现浇楼板可靠连接,截面尺寸和配筋的具体要求如前面所述。

底部采用钢筋混凝土抗震墙,抗震墙周边应设置梁(或暗梁)和边框柱(或框架柱)组成的边框,抗震墙墙板的厚度不宜小于 160 mm,且不应小于墙板净高的 1/20;抗震墙的

配筋、边缘构件可按抗震规范中关于钢筋混凝土抗震墙的规定设置。底框部分的框架柱不同于一般的框架柱,构造要求类似框支柱的要求。

底框部分的钢筋混凝土托墙梁是极其重要的受力构件。截面宽度不应小于 300 mm,梁的截面高度不应小于跨度的 1/10;箍筋的直径不小于 8 mm,间距不应大于 200 mm;梁端在 1.5 倍梁高且不小于 1/5 梁净跨范围内,以及上部墙体的洞口处和洞口两侧各 500 mm 且不小于梁高的范围内,箍筋间距不应大于 100 mm;沿梁高应设腰筋,数量不应少于 2φ14,间距不应大于 200 mm;主筋和腰筋应按受拉钢筋的要求锚固在柱内,且支座上部的纵筋在柱内的锚固长度应符合钢筋混凝土框支梁的有关要求。

4.6 钢结构抗震验算要点

钢结构包括框架、框架-中心支撑、框架-偏心支撑和简体及框架等不同类型,抗震规范对钢结构房屋最大高度和最大高宽比做出了规定,详见第 3 章。限于篇幅,下面介绍抗震等级、抗震计算分析参数、构件内力调整原则和主要构造要求等要点。

4.6.1 抗震等级

根据设防烈度和房屋高度等确定钢结构的抗震等级(表 4-32),这也反映出对整体结构及各构件延性要求的不同,作为抗震计算时的内力调整和各种构造措施选取的依据。

表 4-32 钢结构的抗震等级

房屋高度	烈度			
	6	7	8	9
≤50 m	一	四	三	二
>50 m	四	三	二	一

注:高度接近或等于高度分界时,应允许结合房屋不规则程度和场地、地基条件确定抗震等级。

4.6.2 抗震计算分析参数

钢结构的抗震设计仍采用两阶段设计,其抗震计算分析参数与混凝土结构、砌体结构有所不同。

1. 钢结构阻尼比选择

钢结构抗震计算的阻尼比宜符合下列规定:

(1)多遇地震下的计算,高度不大于 50 m 时可取 0.04;高度大于 50 m 且小于 200 m 时,可取 0.03;高度不小于 200 m 时,宜取 0.02。

(2)当偏心支撑框架部分承担的地震倾覆力矩大于结构总地震倾覆力矩的 50% 时,其阻尼比可相应增加 0.005。

(3)在罕遇地震下的弹塑性分析,考虑到结构已进入弹塑性状态,阻尼比可取 0.05。

(4)采用屈曲约束支撑的钢结构,阻尼比则按消能减震的规定采用。

2. 重力二阶效应

钢结构房屋延性较好,允许的侧移较大。当钢结构房屋在地震作用下的重力附加弯矩大于初始弯矩的 10％时,应计入重力二阶效应的影响,如图 4-17 所示。其中,重力附加弯矩是指任一楼层以上全部重力荷载与该楼层地震平均层间位移的乘积,初始弯矩指该楼层的楼层地震剪力与楼层层高的乘积。结构的二阶弹性分析应以考虑结构整体初始几何缺陷、构件局部初始缺陷(含构件残余应力)和合理的节点连接刚度的结构模型为分析对象,计算结构在各种设计荷载(作用)组合下的内力和位移。

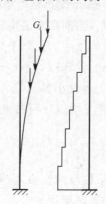

图 4-17　重力二阶效应示意图

3. 在地震作用下的变形验算

多层、高层钢结构的抗震变形验算可分多遇地震和罕遇地震两个阶段分别验算。所有的钢结构都要进行多遇地震作用下的弹性变形验算,并且弹性层间位移角限值取 1/250;对于结构在罕遇地震作用下薄弱层的弹塑性变形验算,抗震规范规定,高度大于 150 m 的钢结构必须进行验算;高度不大于 150 m 的钢结构,宜进行弹塑性变形验算。多层、高层钢结构的弹塑性层间位移角限值取 1/50。

在多层、高层钢结构中,是否考虑梁柱节点域剪切变形对层间位移的影响,要根据结构型式、框架柱的截面形式以及结构的层数高度而定。抗震规范规定,对于工字形截面柱,宜计入梁柱节点域剪切变形对结构侧移的影响;对于箱形柱框架、中心支撑框架和不超过 50 m 的钢结构,则可不计入梁柱节点域剪切变形的影响,近似按框架轴线进行分析。

4.6.3　构件内力调整原则

控制构件的压屈破坏或局部失稳破坏,对于保证钢结构具有足够耗能能力乃至抗倒塌能力至关重要。按照强柱、强支撑、强连接等原则进行内力调整,控制剪切屈服,构件内力调整系数根据其抗震等级、设防烈度等确定。限于篇幅,这里主要介绍构件内力调整的主要思路,相关的验算公式详见抗震规范。

1. 梁柱节点

钢结构抗震设计也要求做到强柱弱梁,在抗震验算中需根据此原则调整柱的内力。

当轴压比较小(一般控制在 0.4 以内)时可不验算强柱弱梁。在一般情况下,要求柱端全塑性承载力大于梁端全塑性承载力,其中所要求的强柱系数根据结构的抗震等级不同取值。同时,要求柱所在楼层的受剪承载力比相邻上一层的受剪承载力高出 25％。

节点域的屈服承载力应符合控制节点域梁端全塑性受弯承载力的要求。按照节点域两侧的弯矩设计确定其节点域的合适厚度,节点域太厚不能使节点域发挥其耗能作用,而节点域太薄将使框架侧向位移太大。抗震规范针对工字形、箱形和圆管柱提出了验算公式,具体规定详见抗震规范第 8.2.5 条。

2. 框架-支撑结构中框架承担的水平力

在按多遇地震进行弹性分析时,框架-支撑结构中水平地震作用引起的结构层剪力主要由水平刚度较大的支撑负担。但是,预期在罕遇地震下支撑部分进入非线性,此时支撑负担的水平力将下降,而框架柱负担的水平力比例上升。为此,结构分析后需对框架负担的计算剪力进行调整,使得框架部分的计算剪力不小于底部总地震剪力的 25% 和框架部分地震剪力最大值的 1.8 倍这两者中的较小者。

结构分析时,框架-支撑结构中的支撑斜杆可按端部铰接杆件计算,具体规定详见抗震规范第 8.2.3 条。

3. 中心支撑框架

中心支撑框架的斜杆轴线偏离梁柱轴线交点不超过支撑杆件的宽度时,仍可按中心支撑框架分析,但应计及由此产生的附加弯矩。

中心支撑杆件按照轴心受力构件进行分析,如图 4-18 所示,其杆件的长细比和板件的宽厚比应符合相关规定。支撑斜杆的受压承载力验算时,除考虑轴心受力构件的稳定系数影响外,还需要考虑受循环荷载时的强度降低系数。

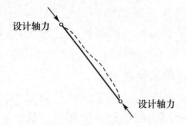

图 4-18　中心支撑受压承载力示意图

人字支撑和 V 形支撑的支撑杆在大震下受压屈曲后承载力将下降,会导致横梁在支撑处出现向下或向上的不平衡集中力,从而引起横梁破坏,为此,人字支撑和 V 形支撑的框架梁在支撑连接处应保持连续,并按不计入支撑支点作用的梁验算重力荷载和支撑屈曲时不平衡力作用下的承载力,其中,不平衡力应按受拉支撑的最小屈服承载力和受压支撑最大屈曲承载力的 0.3 倍计算。具体规定详见抗震规范第 8.2.6 条。

4. 偏心支撑框架

偏心支撑框架的设计原则是强柱、强支撑和弱消能梁段,即在大震时消能梁段屈服形成塑性铰,并具有稳定的滞回性能,即使消能梁段进入应变硬化阶段,支撑斜杆、柱和其余梁段仍保持弹性。因此,每根斜杆只能在一端与消能梁段连接,且支撑与梁段的连接应设计成刚接,应保证连接的承载力不得小于支撑的承载力。

当消能梁段的轴力设计值较小(一般小于其名义轴向承载力的 0.15 倍)时,可忽略轴力影响,消能梁段的受剪承载力取腹板屈服时的剪力和梁段两端形成塑性铰时的剪力两者之间的较小值。当消能梁段的轴力设计值较大时,需计入轴力影响,应降低受剪承载力,以保证该梁段具有稳定的滞回性能。具体计算公式详见抗震规范第8.2.7条。

为使偏心支撑框架仅在消能梁段屈服,支撑斜杆、柱和非消能梁段的内力设计值应根据消能梁段屈服时的内力确定并考虑耗能梁段的实际有效超强系数,再根据各构件的承载力抗震调整系数,确定斜杆、柱和非消能梁段保持弹性所需的承载力,即以消能段的设计控制支撑斜杆、柱和非消能梁段的设计。消能梁段及偏心支撑、柱和普通梁段的设计承载力及其相互关系如图4-19所示。

各构件内力的增大系数根据结构抗震等级确定,具体规定详见抗震规范第8.2.7条。

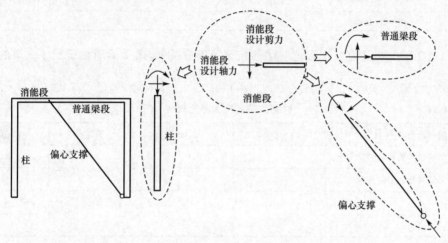

图4-19　消能梁段及偏心支撑、柱和普通梁段的设计承载力及其相互关系示意图

5.强连接弱杆件

构件的连接需符合强连接弱构件的原则。要求第一阶段设计时,钢结构抗侧力构件连接的承载力设计值不应小于相连构件的承载力设计值;要求第二阶段设计时,钢结构抗侧力构件连接的极限承载力应大于相连构件的屈服承载力。这就涉及梁与柱的刚性连接、支撑连接和拼接、梁柱的拼接等,连接系数按钢材牌号、连接形式等确定。具体规定详见抗震规范第8.2.8条。

4.6.4　主要构造要求

钢结构构件的稳定问题成为影响结构承载能力、变形能力的重要因素之一,框架柱、支撑的长细比关系到结构的整体稳定,梁、柱、支撑的板件宽厚比则影响了构件的局部稳定,这方面的要求是构造要求的重要部分,强柱、强支撑、强连接等原则也体现在构造措施要求中,这里对主要构造要求作简单介绍。

1.框架柱及支撑的长细比

(1)一级、二级、三级、四级框架柱的长细比不应大于60、80、100、120。当采用非Q235钢时,长细比的限值应乘以$\sqrt{235/f_{ay}}$,f_{ay}是钢材的名义屈服强度。

(2)中心支撑一般应按压杆进行设计,其长细比不应大于$120\sqrt{235/f_{ay}}$。

(3)偏心支撑的长细比不应大于$120\sqrt{235/f_{ay}}$。

2. 框架柱、梁、支撑的板件宽厚比

(1)框架柱的板件宽厚比限值见表 4-33,当采用非 Q235 钢时,表中值应乘以 $\sqrt{235/f_{ay}}$。

表 4-33 　　　　　　　　　　　　框架柱的板件宽厚比限值

板件名称	一级	二级	三级	四级
工字形柱翼缘外伸部分	10	11	12	13
工字形柱腹板	43	45	48	52
箱形截面柱壁板	33	36	38	40

(2)框架梁的板件宽厚比限值除了与抗震等级有关外,还受梁的轴压比 $\dfrac{N_b}{Af}$(梁的名义轴向压应力)影响,具体要求见表 4-34,当采用非 Q235 钢时,表中值应乘以 $\sqrt{235/f_{ay}}$。

表 4-34 　　　　　　　　　　　　框架梁的板件宽厚比限值

板件名称	一级	二级	三级	四级
工字形和箱形梁的翼缘外伸部分	9	9	10	11
箱形梁腹板之间的翼缘	30	30	32	36
工字形和箱形梁的腹板	$\left[72-120\dfrac{N_b}{Af}\right]$ $\leqslant 60$	$\left[72-100\dfrac{N_b}{Af}\right]$ $\leqslant 65$	$\left[80-110\dfrac{N_b}{Af}\right]$ $\leqslant 70$	$\left[85-120\dfrac{N_b}{Af}\right]$ $\leqslant 75$

(3)中心支撑板件宽厚比限值见表 4-35,当采用非 Q235 钢时,表中值应乘以 $\sqrt{235/f_{ay}}$(非圆管)或 $235/f_{ay}$(圆管)。

表 4-35 　　　　　　　　　　　　中心支撑板件宽厚比限值

板件名称	一级	二级	三级	四级
翼缘外伸部分	8	9	10	13
工字形腹板	25	26	27	33
箱形截面壁板	18	20	25	30
圆管外径与壁厚比	38	40	40	42

(4)偏心支撑板件宽厚比限值按钢结构设计规范关于轴心受压构件的要求取。偏心支撑消能梁段与同一跨内的非消能梁段板件宽厚比限值见表 4-36,也是受梁的轴压比 $\dfrac{N_b}{Af}$ 所影响的。当采用非 Q235 钢时,表中值应乘以 $\sqrt{235/f_{ay}}$。

表 4-36 　　　　　　　　　　　　偏心支撑框架梁板件宽厚比限值

板件名称	宽厚比限值
翼缘外伸部分	8
腹板 $\dfrac{N_b}{Af}\leqslant 0.14$	$90\left[1-1.65\dfrac{N_b}{Af}\right]$
腹板 $\dfrac{N_b}{Af}>0.14$	$32\left[2.3-\dfrac{N_b}{Af}\right]$

3. 构件连接

（1）对于框架结构，梁柱构件受压翼缘应根据需要设置侧向支撑；梁柱构件在出现塑性铰的截面，上下翼缘均应设置侧向支撑；梁与柱的连接宜采用柱贯通型；梁与柱刚性连接时，柱在梁翼缘上下各 500 mm 的范围内，柱翼缘与柱腹板间或箱形柱壁板间的连接焊缝应采用全熔透坡口对焊缝，这是为了保证在塑性区的结构整体性要求。

（2）对于中心支撑节点，一、二、三级结构的支撑宜采用 H 型钢制作，两端与框架刚接构造，梁柱与支撑连接处应设置加劲肋；梁在其与 V 形支撑或人字支撑相交处，应设置侧向支撑。

（3）对于偏心支撑框架，消能梁段的长度需进行控制，且腹板不得贴焊补强板，也不得开洞；消能梁段与支撑连接处，应在腹板设置加劲肋；消能梁段与柱的连接长度需控制，消能梁段翼缘与柱翼缘之间应采用坡口全熔透对接焊缝连接，消能梁段两端上下翼缘及非消能梁段上下翼缘，应设置侧向支撑，支撑轴力不宜过大。

4.7　计算例题

【例 4-1】　四层钢框架的层间模型的计算简图如图 4-20 所示，$m_1 = m_2 = m_3 = 100$ t，$m_4 = 90$ t，$k_1 = 0.9 \times 10^5$ kN/m，$k_2 = k_3 = k_4 = 1.0 \times 10^5$ kN/m，$H_1 = 3.6$ m，$H_2 = 6.9$ m，$H_3 = 10.2$ m，$H_4 = 13.5$ m。已知该建筑位于 II 类场地，设计地震分组第二组，设防烈度 7 度（0.10g）。重力加速度 $g = 9.8$ m/s^2。试采用振型分解反应谱法和底部剪力法求解地震作用、层间剪力和顶层总侧移。

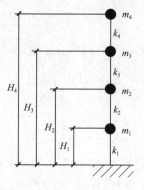

图 4-20　【例 4-1】计算简图

【解】

求解过程中应注意：

● 50 m 以下钢结构阻尼比为 0.04，地震影响系数应进行修正；

● 在采用振型分解反应谱法求解结构反应时，应先求出各振型的结构反应，再用平方和开平方方法（SRSS 法）得到最终的结构反应；

● 基本周期若大于场地特征周期的 1.4 倍，应用底部剪力法求解时应进行地震作用的修正。

(1)组装刚度、质量矩阵并求解各阶周期和振型

组装刚度、质量矩阵(均为四阶矩阵)如下:

$$[K]=\begin{bmatrix} k_1+k_2 & -k_2 & 0 & 0 \\ -k_2 & k_2+k_3 & -k_3 & 0 \\ 0 & -k_3 & k_3+k_4 & -k_4 \\ 0 & 0 & -k_4 & k_4 \end{bmatrix}=\begin{bmatrix} 1.9 & -1.0 & 0 & 0 \\ -1.0 & 2.0 & -1.0 & 0 \\ 0 & -1.0 & 2.0 & -1.0 \\ 0 & 0 & -1.0 & 1.0 \end{bmatrix}\times10^5$$

$$[M]=\begin{bmatrix} m_1 & 0 & 0 & 0 \\ 0 & m_2 & 0 & 0 \\ 0 & 0 & m_3 & 0 \\ 0 & 0 & 0 & m_4 \end{bmatrix}=\begin{bmatrix} 1.0 & 0 & 0 & 0 \\ 0 & 1.0 & 0 & 0 \\ 0 & 0 & 1.0 & 0 \\ 0 & 0 & 0 & 0.9 \end{bmatrix}\times100$$

求解特征方程为

$$([K]-\omega^2[M])\{X\}=0$$

这是四阶方程组,可利用 MATLAB 程序的相关函数求解,可求解 $[M]^{-1}\cdot[K]$ 的特征值 $\{v\}$、特征向量 $\{X\}$,即

$$[X,v]=\mathrm{eig}(\mathrm{inv}[M]\cdot[K])$$

可得特征值 $\{v\}=\mathrm{diag}(3\,537.28,2\,353.72,1\,000.00,120.11)$,其中最小的特征值对应于第一周期(第一振型),即各振型圆频率与周期如下

$$\omega_1=\sqrt{120.11}=10.96\ \mathrm{rad/s},T_1=\frac{2\pi}{\omega_1}=0.573\,3\ \mathrm{s}$$

$$\omega_2=\sqrt{1\,000.00}=31.62\ \mathrm{rad/s},T_2=\frac{2\pi}{\omega_2}=0.198\,7\ \mathrm{s}$$

$$\omega_3=\sqrt{2\,353.72}=48.52\ \mathrm{rad/s},T_3=\frac{2\pi}{\omega_3}=0.129\,5\ \mathrm{s}$$

$$\omega_4=\sqrt{3\,537.28}=59.48\ \mathrm{rad/s},T_4=\frac{2\pi}{\omega_4}=0.105\,6\ \mathrm{s}$$

同理可得特征向量 $\{X\}=\begin{bmatrix} -0.393\,3 & -0.635\,8 & 0.595\,5 & 0.245\,5 \\ 0.644\,0 & 0.288\,5 & 0.535\,9 & 0.437\,0 \\ -0.596\,6 & 0.537\,7 & -0.059\,5 & 0.576\,0 \\ 0.273\,2 & -0.477\,2 & -0.595\,5 & 0.645\,8 \end{bmatrix}$,从左向右

的四个列向量分别对应于第四、第三、第二和第一振型向量。

将第 1 楼层的位移均取为 1,得到四阶振型模态 X_{ji},见表 4-37,各阶振型图如图 4-21 所示。

表 4-37　　　　　　　四阶振型模态 X_{ji}

楼层	第一振型	第二振型	第三振型	第四振型
4	2.631	−1.000	0.751	−0.695
3	2.346	−0.100	−0.846	1.517
2	1.780	0.900	−0.454	−1.638
1	1.000	1.000	1.000	1.000

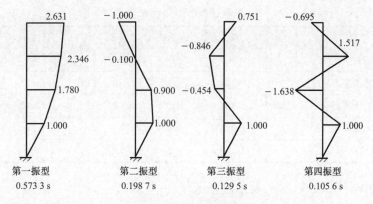

| 第一振型 | 第二振型 | 第三振型 | 第四振型 |
| 0.573 3 s | 0.198 7 s | 0.129 5 s | 0.105 6 s |

图 4-21　各阶振型简图

（2）地震影响系数

Ⅱ类场地，设计地震分组第二组，$T_g = 0.4$ s；7度（$0.10g$），$\alpha_{max} = 0.08$

结构阻尼比 $\xi = 0.040$，$\gamma = 0.9 + \dfrac{0.05 - \xi}{0.3 + 6\xi} = 0.918\,5$，$\eta_1 = 0.02 + \dfrac{0.05 - \xi}{4 + 32\xi} = 0.021\,9$，

$\eta_2 = 1 + \dfrac{0.05 - \xi}{0.08 + 1.6\xi} = 1.069\,4$

$T_1 = 0.573\,3 > T_g = 0.40$，$\alpha_1 = \left(\dfrac{T_g}{T_1}\right)^{\gamma} \eta_2 \alpha_{max} = 0.061\,47$；

$T_2 = 0.198\,7 < T_g$，$T_3 = 0.129\,5 < T_g$，$T_4 = 0.105\,6 < T_g$，故 $\alpha_2 = \alpha_3 = \alpha_4 = \eta_2 \alpha_{max} = 0.085\,56$

（3）振型分解反应谱法

振型参与系数 $\gamma_j = \dfrac{\sum G_i X_{ji}}{\sum G_i X_{ji}^2}$，见表 4-38。

表 4-38　　　　　　　　　　　各阶振型参与系数

模态	第一振型	第二振型	第三振型	第四振型
振型参与系数	0.471 3	0.330 9	0.154 7	0.038 9

各阶振型地震作用 $F_{ji} = \gamma_j X_{ji} \alpha_j G_i$，见表 4-39。

表 4-39　　　　　　　　　　　各阶振型地震作用　　　　　　　　　　　kN

楼层	第一振型	第二振型	第三振型	第四振型
4	67.21	−24.97	8.77	−2.08
3	66.61	−2.77	−10.98	5.04
2	50.53	24.97	−5.89	−5.44
1	28.39	27.75	12.99	3.32

各阶振型地震剪力 $V_{jm} = \sum\limits_{i=m}^{n} F_{ji}$ 和顶点位移 $\Delta_{jn} = \sum\limits_{i=1}^{n} \dfrac{V_{ji}}{k_i}$，计算结果见表 4-40。

表 4-40 各阶振型的结构反应

楼层	第一振型	第二振型	第三振型	第四振型
第 4 层地震剪力/kN	67.21	−24.97	8.77	−2.08
第 3 层地震剪力/kN	133.82	−27.74	−2.21	2.96
第 2 层地震剪力/kN	184.36	−2.77	−8.10	−2.48
第 1 层地震剪力/kN	212.75	24.97	4.88	0.85
顶点位移/mm	6.2177	−0.2774	0.0388	−0.0060

层间剪力 $V_m = \sqrt{\sum_{j=1}^{n} V_{jm}^2}$，见表 4-41。

表 4-41 各楼层地震层间剪力

楼层	4	3	2	1
层间剪力/kN	72.27	136.72	184.57	214.26

可得顶点总侧移 $\Delta_n = \sqrt{\sum_{j=1}^{n} \Delta_{jn}^2} = 6.2241 \text{ mm}$

可见，该结构层间剪力和顶点侧移与第一振型的结构反应相差不大，即以第一振型的结构反应为主。

4. 底部剪力法

$$T_1 = 0.5733 \text{ s} > 1.4 T_g = 0.56, \delta_n = 0.08 T_1 + 0.01 = 0.0559$$

$$G_{eq} = 0.85 \sum_{i=1}^{4} G_i = 3248.7$$

$$F_{Ek} = \alpha_1 \times G_{eq} = 199.7$$

$$F_i = \frac{G_i H_i}{\sum G_i H_i} F_{Ek} (1 - \delta_n) (i = 1, \cdots, n-1)$$

$$F_n = \frac{G_n H_n}{\sum G_i H_i} F_{Ek} (1 - \delta_n) + \delta_n F_{Ek}$$

各楼层地震剪力 $V_i = \sum_{j=i}^{n} F_j$，各楼层层间位移 $\Delta_i = \frac{V_i}{k_i}$，计算简表见表 4-42。

表 4-42 底部剪力法计算简表

层数	G_i/kN	H_i/m	$G_i H_i$	F_i/kN	$\delta_n F_{Ek}$/kN	V_i/kN	Δ_i/mm
4	882	13.5	11907	69.7	11.2	80.9	0.8089
3	980	10.2	9996	58.5	—	139.4	1.3943
2	980	6.9	6762	39.6	—	179.0	1.7904
1	980	3.6	3528	20.7	—	199.7	2.2189

顶点位移 $\Delta_n = \sum_{j=1}^{n} \Delta_j = 6.2125 \text{ mm}$

可见，底部剪力法的计算结果与振型分解反应谱法的计算结果接近，说明其符合底部剪力法的计算假定。

本章小结

　　抗震规范只对地基抗震承载力进行验算,对于地基变形,则通过对上部结构或地基基础采取一定的抗震措施来保证。天然地基基础抗震验算时,应采用地震作用效应标准组合,取基础底面的压力分布为直线分布,验算基础底面平均压力和边缘最大压力应符合相应公式要求。一些建筑需进行低承台桩基的抗震验算。

　　抗震规范把地震影响系数 α 与自振周期 T 的关系作为设计反应谱,应根据设防烈度、场地类别、设计地震分组和阻尼比确定,即水平地震力。计算地震作用时,建筑的重力荷载代表值应取结构和构配件自重标准值和各可变荷载组合值之和。

　　一般情况,绝大部分工程属于多自由度体系,可利用振型分解法实施振型解耦,在每个振型上应用反应谱理论求出各振型中各质点的地震作用,进而计算出各振型的地震作用效应(弯矩、剪力、轴力和变形等),然后按一定原则组合在一起形成一个结构的地震作用效应,这就是振型分解反应谱法的基本思路。当某一振型的地震作用效应达到最大值时,其余各振型的地震作用效应不一定也达到最大值,即结构地震作用效应的最大值并不等于各振型地震作用效应最大值之和。一般情况下,结构总的地震作用效应近似采用"平方和开平方"的方法(SRSS 法)确定。

　　当结构在地震作用下其反应通常以第一振型为主且第一振型近似为直线,可推导出更为简单实用的底部剪力法。当基本周期较长时,对结构的基本自振周期 $T_1 > 1.4 T_g$ 的建筑,顶部附加地震作用以集中力的形式加在结构的顶部加以修正。同时,突出屋面的屋顶间等小建筑需考虑鞭梢效应的影响,对顶部突出屋面的屋顶间、女儿墙、烟囱等地震作用效应宜乘以系数 3,此增大部分不应往下传递。

　　8 度和 9 度时的大跨度结构、长悬臂结构,9 度时的高层建筑,应考虑竖向地震作用。烟囱和类似的高耸结构以及高层建筑其竖向地震作用的标准值可按振型分解反应谱法计算,而平板网架和大跨度结构等则采用静力法。

　　抗震规范采用二阶段设计法,第一阶段设计,应按多遇地震作用效应和其他荷载效应的基本组合,验算构件截面抗震承载力以及在多遇地震作用下验算结构的弹性变形,要求结构处于弹性状态,第二阶段设计,针对一些满足条件的特定结构按罕遇地震作用验算结构的弹塑性变形。

　　钢筋混凝土结构抗震设计应遵循强柱弱梁、强剪弱弯、强节点弱杆件的基本原则,在抗震验算中,需对构件内力进行调整,包括柱端的实际受弯承载力,梁、柱和抗震墙底部的构件实际受剪承载力,考虑因梁端的弯矩所引起的节点剪力等,内力调整系数和抗震等级、设防烈度等有关,体现了不同的延性要求。此外,还要满足构造要求,主要包括构件的截面尺寸、最小纵筋和箍筋配置要求、竖向构件的轴压比要求、剪压比要求、混凝土抗震墙的边缘构件设置等。

多层砌体房屋可按底部剪力法进行水平地震作用计算,一般以考虑多遇地震作用下的砌体墙片抗震抗剪强度验算为主。在侧向力作用下一般包括弯曲变形和剪切变形,根据墙体高宽比不同进行抗侧刚度分析。横向楼层的地震剪力全部由横向墙体来承担,墙体间的分配取决于抗侧刚度和楼盖的类型;纵向楼层的地震剪力全部由各纵墙来承担,可按纵墙的刚度比例进行分配。最不利墙段可以选择结构计算单元中从属面积较大或竖向应力较小的墙段。砌体结构的主要构造措施包括:抗震横墙间距、局部尺寸限值、钢筋混凝土构造柱或芯柱、钢筋混凝土圈梁、纵横墙之间的连接、墙体与楼屋盖间的连接、底部框架的钢筋混凝土构件要求等。

钢结构抗震计算的阻尼比一般较钢筋混凝土要小,根据高度不同、多遇地震或罕遇地震等情况不同取值;钢结构允许的侧移较大,节点域剪切变形对层间位移存在影响;还需要重力二阶效应。控制钢结构构件的压屈破坏或局部失稳破坏,对于保证钢结构具有足够耗能能力乃至抗倒塌能力至关重要,按照强柱、强支撑、强连接等原则进行内力调整,控制剪切屈服。钢结构构件的主要构造要求包括:柱子长细比、梁柱的受压翼缘的板件宽厚比、梁柱的连接要求及侧向支撑设置等。

思考题

1. 哪些建筑可以不进行天然地基的抗震承载力验算?

2. 试画出抗震规范建议的标准反应谱图形,并标注其上的特征点。

3. 试列出常用的地震作用计算方法及其适用条件。

4. 何为刚性楼盖、柔性楼盖?试说明其地震作用下的变形特点。

5. 为什么要限定各楼层水平地震剪力最小值?

6. 试说明三水准目标与小震、大震变形验算的联系。

7. 重力荷载代表值如何计算?

8. 试说明竖向地震作用计算与水平地震作用计算的区别?

9. 怎样进行结构截面抗震承载力验算?怎样进行结构抗震变形验算?

10. 什么是承载力抗震调整系数?为什么抗震设计截面承载力可以提高?

11. 楼层屈服强度系数如何计算?怎样判断结构薄弱层和部位。

12. 钢筋混凝土结构的抗震设计原则有哪些?如何根据这些原则进行内力调整?

13. 砌体结构墙体的刚度是如何计算的?

14. 什么是重力二阶效应?钢结构抗震设计中如何考虑重力二阶效应的影响?

习 题

1. 某剪切型钢结构,结构简图如图 4-22 所示,$E = 2.06 \times 10^{11}$ N/m²,$h = 4.5$ m;柱截面的平面内柱截面平面内惯性矩为:$I = 5 \times 10^{-4}$ m⁴;$M = 5 \times 10^{4}$ kg;Ⅱ类场地,设计地震分组第二组,设防烈度 7 度(0.10g),试求的自振周期、振型和振型参与系数,并用振型分解反应谱法计算在多遇地震作用下的层间地震剪力。(提示:柱的抗侧刚度取 $\dfrac{12EI}{h^3}$)。

2. 在设防烈度为 8 度(0.20g)的Ⅳ类场地,有幢六层砌体房屋,屋面设突出的屋顶间,计算简图如图 4-23 所示。请根据各层楼(屋)盖水平标高处质点的重力荷载代表值 G_i 以及其到基础顶面的距离 H_i,试求多遇地震作用下的层间地震剪力。其中,$G_7 = 360$ kN,$G_6 = 2\,600$ kN,$G_5 = G_4 = G_3 = G_2 = 3\,200$ kN,$G_1 = 3\,600$ kN,$H_7 = 20.8$ m,$H_6 = 17.8$ m,$H_5 = 15.0$ m,$H_4 = 12.2$ m,$H_3 = 9.4$ m,$H_2 = 6.6$ m,$H_1 = 3.4$ m。

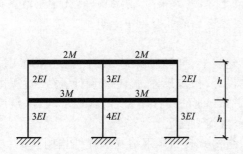

图 4-22 习题 1 简图

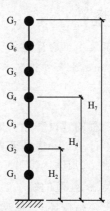

图 4-23 习题 2 简图

第 5 章

结构抗震设计实例

建设工程的建设程序一般包括项目建议书、可行性研究、设计、施工和竣工验收等多个阶段。设计单位一般按照概念性方案设计、初步设计、施工图设计、施工过程图纸变更等步骤完成,其中结构设计应与建筑、设备专业的设计紧密合作,逐步融合,最后达到功能、结构、美观、建造的统一。结构设计一般需要满足:

一是主体结构体系,根据建筑功能、结构荷载和作用情况选择结构的竖向、水平及基础结构体系,以形成合理高效的结构体系。

二是结构构件尺寸和材料,根据建筑功能、体型和环境等选择合适的结构构件尺寸和材料,解决承载力、变形、稳定等问题。

三是关键部位的构造措施,能有效地将各结构构件、子结构体系形成一个完整的结构体系。

四是有效的施工工艺,尽量采用满足需求的新科技、新技术,提高施工效率。

5.1 结构抗震设计要点

建筑物各部分需要有序地形成一个整体,呈现具有功能性和美观性的空间,其中建筑结构的作用就是能充分发挥各种材料的效能,抵御各种自然和人为的作用,满足结构承载力、变形及稳定性的需求和耐久性要求等,也要充分考虑造价的合理性。

建筑结构设计应执行国家标准、设计规范、设计规程的相关条文,包括四类条文,应区别对待,其中,强制性条文具有法律属性,严格遵守的条文用词为"必须""严禁",应该遵守的条文用词为"应""不应""不得",允许稍有(或有)的条文用词为"宜""不宜",表示有选择和在一定条件下的条文用词为"可""不可"。

在设计由概念方案向施工图逐步深化的过程中,结构设计应既要从建筑的总体上进行把握,又要从结构技术的角度来考虑。总体考虑的原则主要包括三个方面,一是多维度的构思,既需要考虑建筑功能、结构性能和施工技术,也需要考虑使用要求、美观性、技术和经济的合理性,还要考虑整体与局部的相互关系;二是多工种的协调配合,既要考虑建筑形体和结构体系的协调,也要考虑设备布置对结构的影响,还要考虑施工工艺和施工过程的问题;三是从实际出发和简化的原则,尽量按照当地、当时的需求和可能去简化结构体系、结构布置和结构措施等。结构技术方面则在减轻自重、形成空间结构体系合理受力方面强调优化选型的原则:一是尽可能形成空间结构体系,充分发挥各构件的作用;二是优化结构布置,保证结构的规则性和对称性,避免突变;三是合理的构造处理,保证结构构造和建筑构造一致。

为满足超限高层的建设项目需求,建设部于 2003 年颁布了《超限高层建筑工程抗震设防管理规定》(建设部令第 111 号),提出了超限建筑的抗震专项审查的内容,主要针对结构抗震薄弱部位的分析和相应措施,包括建筑物高度超限、控制与概念设计要求,建筑物规则性超限、程度控制及处理,高度超限、规则性超限时的计算要求,高度超限、规则性超限时的构造要求,减少扭转效应的要求等,这些内容都是和抗震规范的发展相适应的。

结构设计(含抗震设计)的流程如图 5-1 所示。

目前,工程中常用的结构类型包括钢筋混凝土结构、砌体结构、钢结构等。砌体结构在我国的应用历史较长,可以追溯到两千多年前的秦朝,砌体结构容易就地取材,具有良好的耐火性和较好的耐久性,隔热保温和节能效果明显;同时因强度较低,自重大,加上非机械化施工方式,且一般需要大量黏土做原材料,与国家保护耕地政策不符,近年来其应用逐步减少。钢筋混凝土结构是用钢筋和混凝土混合建造起来的一种结构,包括框架结构、框架-抗震墙结构、抗震墙结构、筒体结构(框架-筒体结构)等类型,具有坚固耐久、防火性能好、整体性好、施工较方便且具有可模性、成本较低等优点;同时存在自重大、混凝土抗拉强度较低、费工费模板、施工受季节影响等缺点,是近年来常见的结构类型。随着低碳、节能、绿色环保、可重复利用的概念日渐普及,钢结构日益受到重视,具有材料强度高、弹性模量高、重量轻、变形能力强的特点,便于在工厂制造工地拼装,制造安装机械化程度高,是工业化程度最高的一种结构,但有耐热不耐火、耐腐蚀性差的缺点,一般需要定期除锈、镀锌或外涂涂料进行维护。

结构抗震的概念设计内容详见第 3 章,计算分析的内容详见第 4 章。抗震设计的指标主要包括整体性指标、构件性指标等,需在设计过程予以把握,当存在如第 3 章所列的结构平面或竖向不规则项目三项以上或特别不规则项目时,属于超限结构,需要进行抗震专项审查或抗震评审。结构抗震的整体性指标主要包括:

● 计算振型数(应保证足够的振型参与质量,抗震规范和高层规程要求不少于 90%)。

● 结构的第一振型应为平动振型,第一扭转周期和第一平动周期的周期比。

● 基底剪力与重量比。

● 顶点最大弹性水平位移、最大弹性水平位移与楼层水平位移平均值之比。

● 倾覆弯矩百分比。

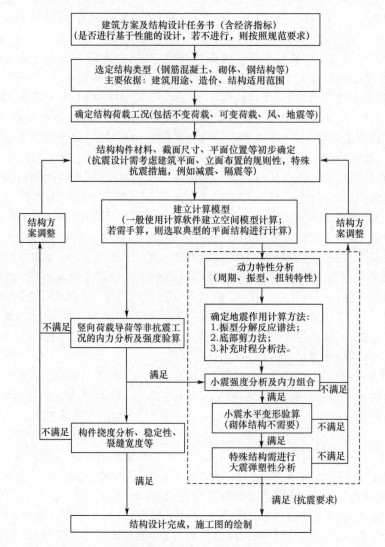

图 5-1 结构设计的流程(虚线框内为结构抗震设计内容)

- 最大弹性层间位移角(包括双向地震、偶然偏心情况)。
- 刚性楼屋盖、楼层抗侧刚度比。
- 基础底面零应力区面积比。
- 柱、墙等竖向构件的轴压比限值。

对钢筋混凝土结构而言,需进行结构的强度和变形验算。整体性指标包括:房屋高度和高宽比、结构规则性、材料等级、结构剪重比、刚度比、层间位移、平扭周期比、边缘构件设置等。构件性指标包含:构件的截面尺寸、轴压比、剪压比、纵筋配筋率、配箍率、内力调整及强度验算、裂缝控制等。

对底框和砌体结构而言,一般仅需要进行砌体的抗震抗剪强度验算。整体性指标包括:房屋高度和高宽比、横墙间距、圈梁与构造柱设置、洞口尺寸、施工等级等。构件性指标包含:墙体的抗侧刚度及地震作用分配、强度验算、高厚比、最小构件尺寸、圈梁与构造柱的配筋、墙体的连接等。

对钢结构而言,其阻尼比相对较小,且其结构相对较柔,需要考虑重力二阶效应的影响,需进行结构的强度和变形验算。整体性指标包括:房屋高度和高宽比、结构规则性、材料等级、结构剪重比、层间位移、平扭周期比、支撑设置等。构件性指标包含:构件的截面尺寸、构件长细比、板件宽厚比、侧向支撑、内力调整及强度验算等。

5.2　钢筋混凝土框架结构

【例 5-1】　某八层框架结构综合办公楼,主要设计条件如下:

- 建筑外包轴线尺寸为 39.6 m×17.4 m。室内外高差为 0.45 m,一层层高为 3.6 m,其余各层均为 3.2 m,屋面为不上人屋面,出屋面部分不作为单独的结构层考虑。标准层建筑平面图如图 5-2 所示。
- 混凝土框架柱截面尺寸一到三层为 500 mm×600 mm,四到八层为 400 mm×500 mm。梁截面尺寸为 250 mm×650 mm 或 250 mm×500 mm,每一层结构布置基本相同,具体布置情况见结构布置图,如图 5-3 所示。
- 除楼层内廊端部位设 1 200 mm×1 500 mm 的窗洞外,外侧窗均为 1 800 mm×1 800 mm,内侧门洞为 900 mm×2 100 mm。
- 混凝土强度等级一至三层为 C35,其余各层为 C30,容重取 25 kN/m³。
- 钢筋强度等级为 HRB400。
- 荷载取值:楼面恒荷载取 5.8 kN/m²(含隔墙的自重),屋面恒荷载取 6 kN/m²,活荷载取 2 kN/m²,屋面活荷载取 0.5 kN/m²,雪荷载取 0.5 kN/m²。其中,楼盖屋盖均采用现浇混凝土板,板厚为 120 mm。隔墙采用轻质隔墙,墙厚为 240 mm,已将隔墙自重计入楼面恒荷载中予以考虑。
- 抗震设防烈度为 7 度(0.10g),设计地震分组为第二组,场地为Ⅲ类,周期折减系数取 0.7(按高层规程)。

基础顶标高取-0.800 m。

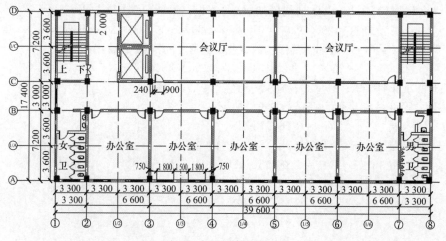

图 5-2　标准层建筑平面图

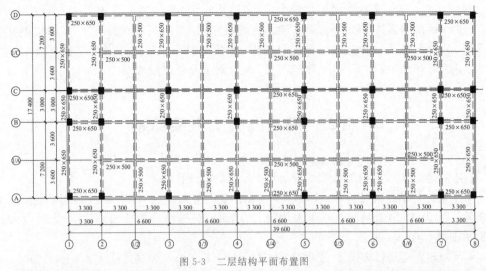

图 5-3　二层结构平面布置图

底层的计算高度一般取室外（刚性）地坪以下 500 mm 处标高及基础顶标高的较大者,取其层高 3 600 mm 加 800 mm,即 4.4 m。其余各楼层的计算高度按楼层层高取。

1. 重力荷载代表值计算

计算重力荷载代表值时,楼面均布活荷载的组合值系数取 0.5,屋面活荷载不予考虑,雪荷载组合值系数取 0.5;考虑框架梁总重量;考虑相邻层层间墙、柱全部重力荷载代表值的一半之和。

下面以第二层为例列出重力荷载代表值的计算过程,隔墙的自重已经折算为恒载并加入到楼面恒载中,计算时只考虑柱、梁的自重以及楼面恒载。因二、三层的层高一致,上下各半层柱重按相应的层高进行计算。

- 楼面均布荷载所对应的重力荷载代表值

$$(5.8+50\%\times 2.0)\times 39.6\times 17.4=4\ 685.47\ \text{kN}$$

- 框架柱子（截面 500 mm × 600 mm,共 32 根柱子）

$$0.5\times 0.6\times 25\times 3.2\times 32=768.00\ \text{kN}$$

- 纵向楼层梁（A、B、C、D 轴线框架梁,共 4 根;轴线之间次梁 2 根）

$$0.25\times 0.65\times 25\times 39.6\times 4+0.25\times 0.50\times 25\times 33.0\times 2=849.75\ \text{kN}$$

- 横向楼层梁（1—8 轴线框架梁,共 8 根;轴线之间次梁 5 根）

$$0.25\times 0.65\times 25\times 17.4\times 8+0.25\times 0.50\times 25\times 17.4\times 5=837.38\ \text{kN}$$

以上四项小计,得二层重力荷载代表值 7 140.60 kN

同上步骤可得各层重力荷载代表值,如下:

八层	$G_8=6\ 766.41$ kN
七层	$G_7=6\ 884.60$ kN
六层	$G_6=6\ 884.60$ kN
五层	$G_5=6\ 884.60$ kN
四层	$G_4=6\ 884.60$ kN
三层	$G_3=7\ 012.60$ kN
二层	$G_2=7\ 140.60$ kN
一层	$G_1=7\ 284.60$ kN

建筑总等效重力荷载代表值为

$$G_{eq} = 0.85\sum_{i=1}^{8}G_i = 0.85 \times 55\ 742.61 = 47\ 381.22\ \text{kN}$$

2. 采用振型分解法计算地震作用和层间剪力(X 向)

该建筑为八层结构,不便采用手工方法求解动力特性,这里采用 PKPM 系列软件建模,计算模型和剖面示意图如图 5-4 所示。

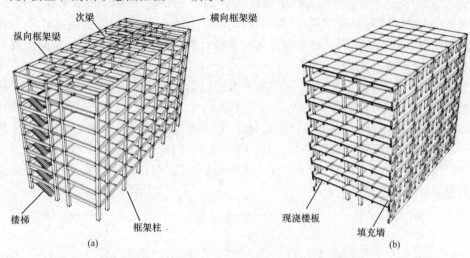

图 5-4 钢筋混凝土框架结构计算模型和剖面示意图

采用该系列软件中的 SATWE 软件进行结构动力特性分析,前 15 个振型的振动周期、振动方向列于表 5-1,X 向为结构纵向,Y 向为结构横向。该建筑为高度超过 24 m 的办公楼,还应满足高层规程的相关要求。由于本框架较为规则,前 2 阶振型分别为 X 向平动、Y 向平动的一阶振型,第 3 阶振型为第一扭转振型,其第一扭转与第一平动周期之比为0.824,符合高层规程第 3.4.5 条关于扭转规则性的要求(扭转与平动周期比的限值为 0.9)。

表 5-1　　　　　　　　　　　　自振周期和振型特性

振型	周期/s	振型特性
1	1.110 7	X 向平动(一阶)
2	1.035 8	Y 向平动(一阶)
3	0.904 5	扭转(一阶)
4	0.387 3	X 向平动(二阶)
5	0.353 5	Y 向平动(二阶)
6	0.310 4	扭转(二阶)
7	0.228 1	X 向平动(三阶)
8	0.204 9	Y 向平动(三阶)
9	0.180 3	扭转(三阶)
10	0.155 9	X 向平动(四阶)
11	0.138 7	Y 向平动(四阶)
12	0.122 0	扭转(四阶)

（续表）

振型	周期/s	振型特性
13	0.120 2	X向平动（五阶）
14	0.105 0	Y向平动（五阶）
15	0.101 7	X向平动（六阶）

从 PKPM-SATWE 软件导出的结构 X 方向的前三个振型如图 5-5 所示。

考虑框架填充墙的刚度作用，根据高层规程第 4.3.17 条，周期折减系数取 0.7，即按所求得的周期乘以 0.7 作为进行地震作用分析的计算周期，可得前三个振型的地震影响系数及模态，详见表 5-2、表 5-3。

根据软件的计算结果，X 向地震作用参与振型的有效质量系数，一阶、二阶、三阶振型（总体振型中的第 1、4、7 阶，见表 5-1）分别达到 83.07%、12.47%、2.62%，累计达到 98.2%；Y 向地震作用参与振型的有效质量系数，一阶、二阶、三阶振型（总体振型中的第 2、5、8 阶，见表 5-1）分别达到 82.94%、12.00%、2.86%，累计达到 97.8%。可见，进行平动分析时的有效质量系数均超过 90%，计算振型数可满足计算要求，即其平动反应按照三阶振型进行分析是足够的。

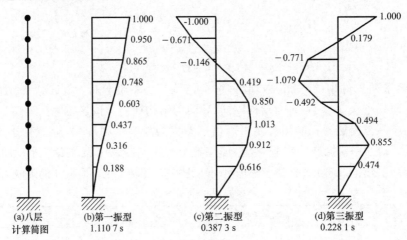

图 5-5　结构计算简图及前三阶振型图

表 5-2　　　　地震影响系数

振型	周期 T/s	折减后周期/s	地震影响系数
1	1.110 7	0.777 5	$\alpha_1=\left(\dfrac{0.550}{1.110\ 7\times0.7}\right)^{0.9}\times0.08=0.058\ 6$
2	0.387 3	0.271 1	$\alpha_2=\alpha_{max}=0.08$
3	0.228 1	0.159 7	$\alpha_3=\alpha_{max}=0.08$

表 5-3　　　　前三阶振型模态 X_{ji}

振型	1	2	3	4	5	6	7	8
1	0.188	0.316	0.437	0.603	0.748	0.865	0.950	1.000
2	0.616	0.912	1.013	0.850	0.419	−0.146	−0.671	−1.000
3	0.474	0.855	0.494	−0.492	−1.079	−0.771	0.179	1.000

振型参与系数 $\gamma_j = \dfrac{\sum G_i X_{ji}}{\sum G_i X_{ji}^2}$，见表 5-4。

表 5-4   振型参与系数

振型	1	2	3
振型参与系数	1.315	0.450	0.217

各振型地震作用 $F_{ji} = \gamma_j X_{ji} \alpha_j G_i$，见表 5-5。

表 5-5   各振型地震作用   kN

振型	1	2	3	4	5	6	7	8
1	105.49	174.13	236.15	320.07	396.99	459.25	504.26	521.54
2	161.79	234.78	256.00	210.88	103.91	−36.14	−166.36	−243.83
3	94.58	106.01	60.10	−58.86	−128.93	−92.11	21.39	117.49

可得各振型层间剪力 $V_{jm} = \sum\limits_{i=1}^{m} F_{ji}$，见表 5-6。

表 5-6   各振型层间剪力   kN

振型	1	2	3	4	5	6	7	8
1	2 717.89	2 612.40	2 438.27	2 202.12	1 882.05	1 485.06	1 025.81	521.54
2	521.03	359.24	124.46	−131.54	−342.42	−446.33	−410.19	−243.83
3	119.67	25.09	−80.92	−141.02	−82.16	46.77	138.88	117.49

各楼层的层间剪力 $V_m = \sqrt{\sum\limits_{j=1}^{n} V_{jm}^2}$，见表 5-7。

表 5-7   各楼层层间剪力   kN

层数	1	2	3	4	5	6	7	8
剪力	2 769.97	2 637.10	2 442.78	2 210.54	1 914.71	1 551.39	1 113.47	587.59

对比表 5-6 和表 5-7 可见，层间剪力和第一振型层间剪力相差并不大，即以第一振型的反应为主。

3. 采用底部剪力法计算地震作用和层间剪力（X 向）

结构第一周期为 1.110 7 s（X 向），考虑周期折减系数，$T_1 = 1.110\ 7 \times 0.7 = 0.777\ 5$ s

$$\alpha_1 = \left(\frac{T_g}{T_1}\right)^{0.9} \alpha_{\max} = \left(\frac{0.550}{0.777\ 5}\right)^{0.9} \times 0.08 = 0.058\ 6$$

故房屋底部总水平地震作用标准为

$$F_{Ek} = \alpha_{\max} \times G_{eq} = 0.058\ 6 \times 47\ 381.22 = 2\ 776.54\ \text{kN}$$

采用底部剪力法求解各楼层的水平地震作用及地震剪力标准值。注意到折减后的结构基本周期 $T_1 = 1.110\ 7 \times 0.7 = 0.777\ 5$ s $> 1.4 T_g = 1.4 \times 0.55 = 0.770$ s，故需考虑顶点附加水平地震作用，取 $\Delta F_n = \delta_n F_{Ek}$，即

$$\Delta F_n = (0.08 \times 0.777\ 5 + 0.01) \times 2\ 776.54 = 200.47\ \text{kN}$$

在考虑了顶点附加水平地震作用修正后,水平地震作用计算见表 5-8。

表 5-8 水平地震作用及地震剪力标准值计算

计算层	G_i/kN	H_i/m	G_iH_i	F_i/kN	V_i/kN
8	6 766.41	26.80	181 339.79	542.49	742.95
7	6 884.60	23.60	162 476.56	486.06	1 229.01
6	6 884.60	20.40	140 445.84	420.15	1 649.16
5	6 884.60	17.20	118 415.12	354.24	2 003.40
4	6 884.60	14.00	96 384.40	288.34	2 291.74
3	7 012.60	10.80	75 736.08	226.57	2 518.31
2	7 140.60	7.60	54 268.56	162.35	2 680.65
1	7 284.60	4.40	32 052.24	95.89	2 776.54
Σ	55 742.61	—	861 118.59		

对比底部剪力法的计算结果与振型分解法的计算结果,可见两者结果比较相近,说明该结构符合底部剪力法的基本假定。

4. 梁柱截面内力组合和截面设计

进行截面设计时,需先求得控制截面上的最不利内力。对于框架梁,一般选取梁的两端和跨中截面为控制截面;对于柱,则选柱上、柱下截面为控制截面。内力不利组合就是控制截面上某项内力最大的内力组合。此处直接采用 SATWE 程序的计算结果来主要说明框架梁柱抗震设计计算的控制要点。

其中,SATWE 程序的参数设置要点如下,如图 5-6 所示。

● 框架抗震等级为二级,以此确定构件的内力调整系数;

● 框架周期折减系数为 0.7;

● Ⅲ类场地,设计地震分组为第二组,场地特征周期为 0.55 s;

● 双向地震作用与偶然偏心不考虑;

● 重力荷载代表值的活荷载组合值系数按规范取 0.5;

● 结构的阻尼比取 5%;

● 结构计算振型个数取 15 个,这是考虑了空间结构每个方向取 5 个振型(前 3 阶的平动有效质量系数超过 90%,可满足要求);

● 程序采用的是 CQC 方法,与 SRSS 方法计算出来的结果有一定差异;

● 不考虑竖向地震作用和风荷载。

(1)梁柱内力

以 B 轴线所对应的纵向一榀框架为例,示意图如图 5-7 所示。限于篇幅,只列出虚线框中的梁柱计算分析结果的标准内力简图(调整前),力的单位为 kN,弯矩单位为 kN·m,如图 5-8 所示。地震作用的内力图表示的是从左向右地震引起的内力,实际地震作用可能从右向左,内力图反向即可。

（2）内力组合

根据抗震规范第5.4.1条，考虑恒载＋活载和恒载＋水平地震作用的两种荷载组合。在两种荷载组合中，取最不利的情况进行构件设计，承载力抗震调整系数根据抗震规范第5.4.2条选取，程序自动设置。

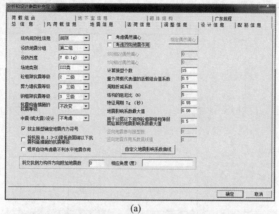

(a)

(b)

图 5-6　SATWE程序的参数设置

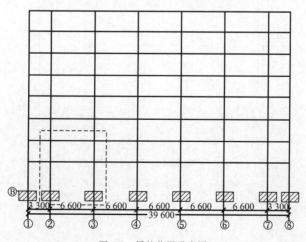

图 5-7　梁柱位置示意图

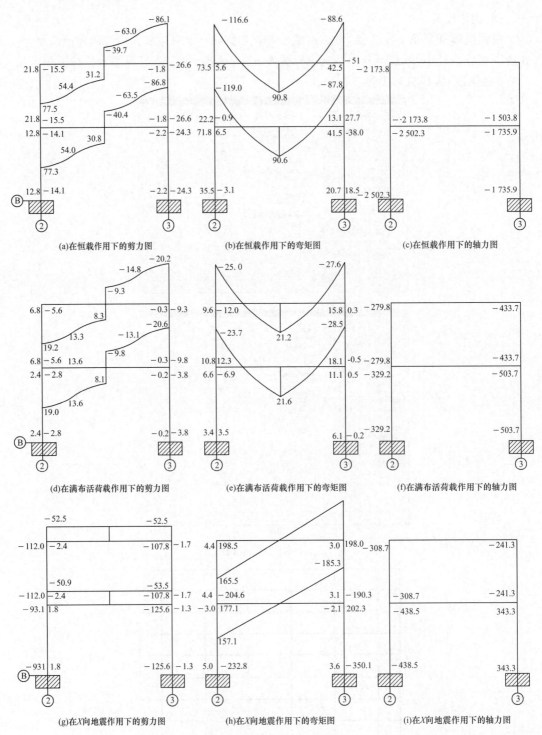

(a)在恒载作用下的剪力图 (b)在恒载作用下的弯矩图 (c)在恒载作用下的轴力图

(d)在满布活荷载作用下的剪力图 (e)在满布活荷载作用下的弯矩图 (f)在满布活荷载作用下的轴力图

(g)在X向地震作用下的剪力图 (h)在X向地震作用下的弯矩图 (i)在X向地震作用下的轴力图

图 5-8 各荷载作用下的标准内力简图

(3)内力调整与构件截面设计

①框架梁

A.梁的正截面受弯承载力

● 该框架抗震等级为二级,梁的正截面弯矩不做调整。

● 按照上述内力组合的方法,求出梁的控制截面不利组合弯矩后,即可按照钢筋混凝土受弯构件计算方法进行配筋计算。

B.梁的斜截面受剪承载力

● 按照"强剪弱弯"的原则调整梁的截面剪力,该框架梁等级为二级,梁端剪力增大系数取 1.2。

● 剪压比限制:根据抗震规范第 6.2.9 条规定,对于跨高比大于 2、不大于 2.5 的框架梁剪压比应不超过 0.20、0.15。

● 根据荷载组合求出最不利工况下的剪力,按钢筋混凝土梁进行斜截面受剪承载力计算。

②框架柱截面设计

A.轴压比限制

根据不同工况的组合,得到柱子的轴压力。根据抗震规范第 6.3.6 条对柱的轴压比进行校核。本框架等级为二级,柱的轴压比限值为 0.75。

B.柱的正截面承载力

● 按"强柱弱梁"原则调整柱端弯矩设计值,该框架等级为二级,除顶层、柱轴压比小于 0.15 外,柱端弯矩放大系数取 1.5。对于框架结构的角柱,经上述方式调整后的组合弯矩设计值尚应乘以不小于 1.10 的增大系数。

● 求得在不利组合工况下的柱端弯矩设计值后,按照钢筋混凝土偏心受压构件计算方法进行配筋计算。

C.柱的斜截面承载力

● 按照"强剪弱弯"原则调整柱的截面剪力,该框架等级为二级,柱端剪力放大系数取 1.3。对于框架结构的角柱,经上述方式调整后的剪力设计值尚应乘以不小于 1.10 的增大系数。

● 剪压比限制:根据抗震规范第 6.2.9 条规定,对于跨高比大于 2、不大于 2.5 的框架梁剪压比应不超过 0.20、0.15。

● 根据荷载组合求出最不利工况下的剪力,按钢筋混凝土柱进行斜截面受剪承载力计算。

③框架节点设计

这部分内容详见抗震规范附录 D。

A.节点截面有效宽度

节点核芯区域的截面有效验算宽度由梁截面宽度、验算方向的柱截面高度和宽度、梁与柱中线的偏心距等确定。

B.节点核芯区域组合剪力设计值

根据抗震规范第 D.1.1 条,根据节点左、右梁端逆时针或顺时针方向组合弯矩设计值之和求出节点核芯区域组合的剪力设计值。本框架等级为二级,强节点系数取 1.35。

C. 节点剪压比控制

根据抗震规范第 D.1.3 条校核节点核芯区域组合的剪力设计值,需考虑正交梁的约束影响系数,剪压比不超过 0.3。

D. 节点受剪承载力验算

根据抗震规范第 D.1.3 条规定验算节点域的受剪承载力。

5. 楼层弹性位移、层间位移角

导出 PKPM-SATWE 程序的计算结果,结构在地震作用下的层间位移角曲线图 5-9 所示,楼层弹性位移、层间弹性位移及层间弹性位移角见表 5-9,可知,楼层最大弹性层间位移角发生在第四层,为 1/680,小于抗震规范所规定的 1/550,故满足要求。

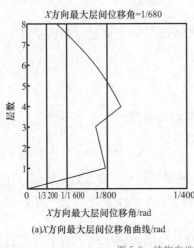
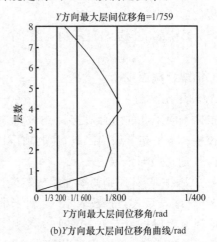

(a)X方向最大层间位移角曲线/rad (b)Y方向最大层间位移角曲线/rad

图 5-9 结构在地震作用下的层间位移角曲线

表 5-9   楼层弹性位移、层间弹性位移及层间弹性位移角(纵向)

楼层	楼层计算高度/mm	楼层弹性位移/mm	层间弹性位移/mm	层间弹性位移角/rad
1	4 400	5.36	5.36	1/817
2	3 200	8.99	3.64	1/869
3	3 200	12.37	3.39	1/934
4	3 200	16.99	4.68	1/680
5	3 200	21.02	4.12	1/773
6	3 200	24.31	3.39	1/940
7	3 200	26.70	2.50	1/1 276
8	3 200	28.11	1.48	1/2 145

6. 构造措施与施工图

由 PKPM 软件得到的底层梁、柱配筋以及混凝土柱轴压比计算结果如图 5-10 所示。根据计算结果、抗震规范的构造措施要求,绘制二层框架梁、底层柱以及柱配筋的施工图如图 5-11、图 5-12、图 5-13 所示。其中,1/A、1/D、8/A、8/D 轴线柱为角柱,根据抗震规范第 6.3.9 条,柱的箍筋加密区高度取全高;2/D、7/D 轴线柱由于楼梯平台的作用,剪跨比小于 2,根据抗震规范第 6.3.9 条,采用井字复合箍,其体积配箍率不应小于 1.2%。

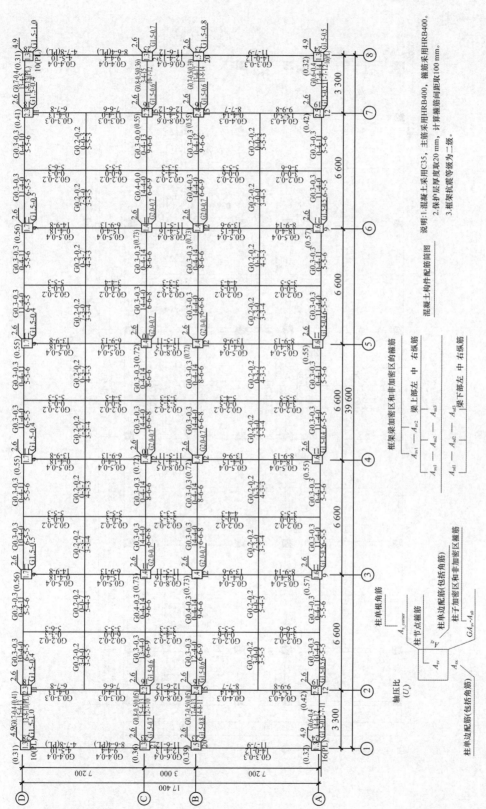

图5-10 底层梁、柱配筋以及混凝土柱轴压比

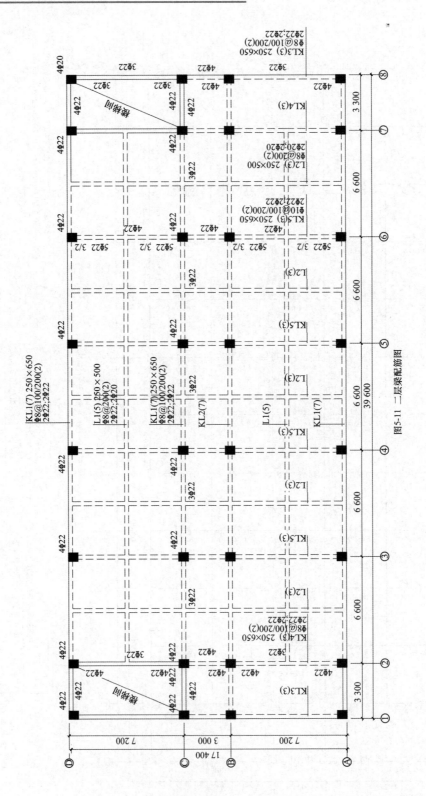

图5-11 二层梁配筋图

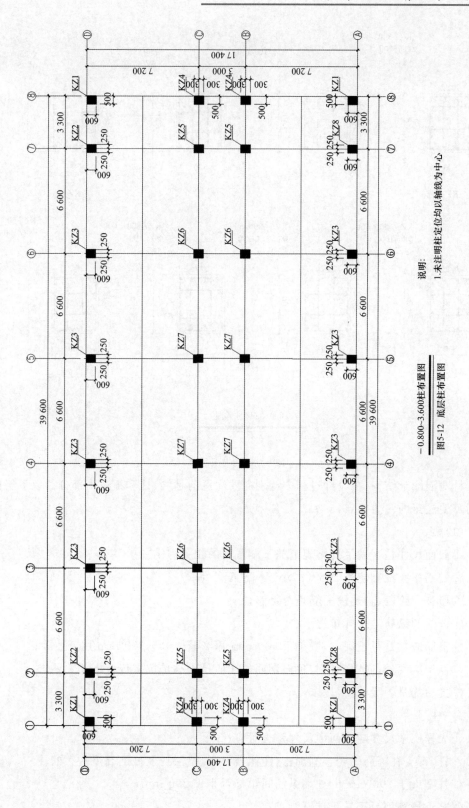

说明：

1.未注明柱定位均以轴线为中心

$\dfrac{-0.800\sim3.600柱布置图}{图5-12\ \ 底层柱布置图}$

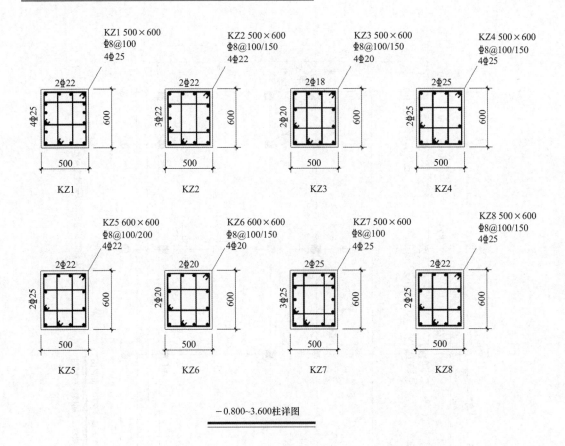

−0.800~3.600柱详图

图 5-13　柱配筋详图

　　针对混凝土结构,在设计过程中特别需要注意的是梁、柱和板这三部分。以下给出设计时需要注意的一些要点:

(1)梁

①截面尺寸是否满足抗震规范关于梁截面的相关规定;

②配筋率有没有超过 2.5% 或小于构造配筋率;

③检查大跨段、悬挑段配筋是否足够;

④选配的纵筋是否排布得下;

⑤箍筋肢数是否正确,一般小于 400 mm 用 2 肢,400~600 mm 用 4 肢等;

⑥框架梁端处,底面钢筋与顶面钢筋的比值是否满足抗震规范的相关要求;

⑦抗扭筋是否足够。

(2)柱

①大样图中尺寸与平面中尺寸是否对应;

②柱、框支柱箍筋是否全高加密(注意楼梯间、错层处及截面高度较大的柱);

③柱宽大于 200 mm 的柱端纵筋间距是否小于 200 mm;

④节点域箍筋是否满足计算要求;

⑤纵筋是否满足抗震规范最小及最大配筋率要求；

⑥箍筋是否满足抗震规范最小体积配箍率要求，特别是短柱、框支柱等。

（3）板

①板面标高、板厚有无缺漏；

②板厚取值是否有误（板厚一般不小于100 mm）；

③注意高层建筑首层板厚、转换层板厚、薄弱部位是否有加强；

④洞口、变标高处板筋需断开；

⑤受力板筋是否满足最小配筋率；

⑥飘板钢筋是否足够，锚固长度是否足够。

5.3 砌体结构

【例5-2】 某四层局部五层砌体结构宿舍，主要设计条件如下：

● 建筑外包轴线尺寸25.2 m×11.9 m，一至四层层高均为3.0 m，基础顶标高−0.800 m，楼梯突出屋顶，屋面为上人屋面。屋顶女儿墙高0.9 m，标准层平面图如图5-14所示，剖面图及屋顶间平面图如图5-15所示。

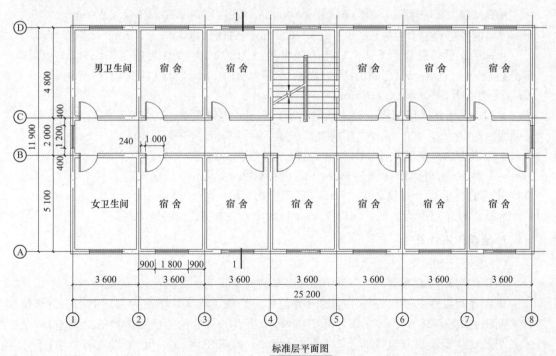

图5-14 标准层平面图

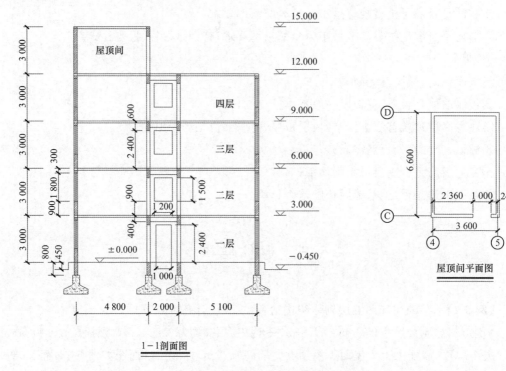

图 5-15　剖面图及屋顶间平面图

● 除底层内廊端部设 1 000 mm×2 400 mm 门洞、楼层内廊端部位设 1 200 mm×1 500 mm 的窗洞外,外侧窗洞为 1 800 mm×1 800 mm,内侧门洞为 1 000 mm×2 400 mm。

● 采用纵横墙混合承重体系。砖的强度等级为 MU10,砂浆的强度等级为 M5,砌体部分容重取 22 kN/m³(考虑面层粉刷),墙厚为 240 mm。构造柱截面 240 mm×240 mm,圈梁截面 240 mm×240 mm。

● 楼盖屋盖均采用现浇混凝土板,板厚 100 mm;走道梁 L1(2、3、4、5、6、7、8 轴线/B—C 轴线),240 mm×400 mm,楼梯间混凝土梁 L2 240 mm×500 mm (C/4-5 轴线)。

● 混凝土构件配筋采用 HRB400,混凝土等级为 C25,容重取 25 kN/m³。

● 荷载取值:楼面恒荷载 5.0 kN/m²,活荷载 2.0 kN/m²;屋面恒荷载 6.5 kN/m²(已含女儿墙的自重),活荷载 2.0 kN/m²,雪荷载 0.5 kN/m²。

● 抗震设防烈度为 7 度(0.10g),设计地震分组为第三组,场地为Ⅲ类。

1. 地震作用计算

(1)确定计算简图

该砌体房屋平面布置较为简单规则,房屋的高宽比为 1.3,小于抗震规范规定的 2.5。

该砌体房屋在水平地震作用下的计算简图可采用工程实践中最为常用的层间剪切型计算简图,如图 5-16 所示。在该计算图中,每个质点的重量包括该层楼盖的全部重量,上下各半层墙体重量以及该楼面上 50% 的活荷载。对于屋面,需考虑女儿墙的自重,不计入活荷载,但应计入雪荷载的 50%。

底部固定端的标高一般取室外(刚性)地坪以下 500 mm 处标高(−0.95 m)及基础顶标高(−0.80 m)两者之中的较大值,这里取 800 mm。底层计算高度取 3.8 m,其余各层取 3.0 m。

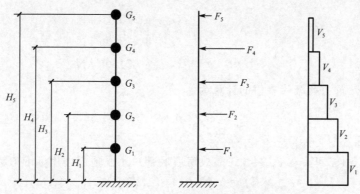

图 5-16 砌体房屋的计算简图和层间剪力图

(2)重力荷载代表值的计算

这里以第二层为例说明重力荷载代表值的计算过程,由于二、三层的层高一样,上下各半层墙重按相应层高的墙重计算。

①楼面均布荷载所对应的重力荷载代表值

恒荷载(考虑梁 L1、L2 的自重)为

$$25.2 \times 11.9 \times 5 + (0.24 \times 0.4 \times 2 \times 6 + 0.24 \times 0.5 \times 3.6) \times 25 = 1\ 539.00\ kN$$

活荷载为

$$25.2 \times 11.9 \times 2 = 599.76\ kN$$

均布荷载所对应的标准值为

$$1\ 539.00 + 0.5 \times 599.76 = 1\ 838.88\ kN$$

②纵横墙所对应的重力荷载代表值

纵横墙的自重计算过程见表 5-10。

表 5-10　　　　　　　　　　　　墙自重计算表

墙轴线		长度/m	高度/m	厚度/m	门窗洞口个数			容重 kN/m³	质量/kN
					1 000×2 400	1 800×1 800	1 200×1 500		
纵墙	A、D	25.2	3	0.24	—	14	—	22	558.84
	B	25.2	3	0.24	7	—	—	22	310.46
	C	21.6	3	0.24	6	—	—	22	266.11
	小计								1 135.41
横墙	1、8	11.9	3	0.24	—	—	2	22	358.00
	2～7	9.9	3	0.24	—	—	—	22	940.92
	小计								1 298.92
总计									2 434.33

(3)重力荷载代表值

考虑墙的自重以及楼板的重力荷载代表值,二层重力荷载代表值为

$$1\ 838.88 + 2\ 434.33 = 4\ 273.21\ kN$$

同上步骤即可得各层重力荷载代表值,结果如下:

五层　　　　　　　　　　　　$G_5 = 243.40\ kN$

四层 $G_4 = 3\ 407.70$ kN

三层 $G_3 = 4\ 273.20$ kN

二层 $G_2 = 4\ 273.20$ kN

一层 $G_1 = 4\ 651.00$ kN

建筑总等效重力荷载代表值的计算为

$$G_{eq} = 0.85\sum_{i=1}^{5} G_i = 0.85 \times 16\ 848.50 = 14\ 321.23\ \text{kN}$$

（4）层间地震剪力计算

根据题目条件，可查得 $\alpha_{max} = 0.08$，故房屋底部总水平地震作用标准值为

$$F_{Ek} = \alpha_{max} \times G_{eq} = 0.08 \times 14\ 321.23 = 1\ 145.70\ \text{kN}$$

采用底部剪力法求解各楼层的水平地震作用及地震剪力标准值，见表 5-11。其中，考虑到突出屋顶间的鞭梢效应，顶层剪力标准值乘以放大系数 3，但此增大部分不往下传递。

表 5-11   水平地震作用及地震剪力标准值计算

计算层	G_i/kN	H_i/m	G_iH_i	F_i/kN	V_i/kN
5	243.40	15.80	3 845.72	32.38	97.14
4	3407.70	12.80	43 618.56	367.26	399.64
3	4 273.20	9.80	41 877.36	352.60	752.23
2	4 273.20	6.80	29 057.76	244.66	996.89
1	4 651.00	3.80	17 673.80	148.81	1 145.70
Σ	16 848.50	—	136 073.20	—	—

2. 抗震强度验算

楼盖为现浇钢筋混凝土楼板，可不考虑其在水平地震作用下发生的平面内变形，即为刚性楼盖。为方便起见，这里采用 PKPM 软件系列软件设计进行建模分析，计算模型如图 5-17 所示，从软件导出的该结构第一层、第二层各墙体的剪力设计值如图 5-18、图 5-19 所示。

选取第一层图中虚线框内的墙体进行抗震验算。

（1）纵墙验算

纵墙截面面积：$A = (3.6 - 1.0) \times 0.24 = 0.624\ \text{m}^2$

平均正压力：$\sigma_0 = 0.58$ MPa

墙体剪力设计值：$V = 93.27$ kN

砂浆强度等级为 M5 的砖砌体 $f_V = 0.12$ MPa，故 $\sigma_0/f_V = 4.83$，查表可得 ξ_N 为 1.451。

$f_{VE} = \xi_N f_V = 1.451 \times 0.12 = 0.174$ MPa

$V = 93.27\ \text{kN} < \dfrac{f_{VE}A}{\gamma_{RE}} = \dfrac{0.174 \times 0.624 \times 1\ 000}{1.0} = 108.58\ \text{kN}$，满足要求。

（2）横墙验算

横墙截面面积：$A = (4.8 + 0.4) \times 0.24 = 1.25\ \text{m}^2$

平均正压力：$\sigma_0 = 0.41$ MPa

墙体剪力设计值：$V = 101.45$ kN

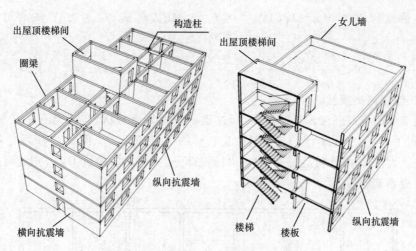

图 5-17 砌体房屋的计算模型及剖面示意图

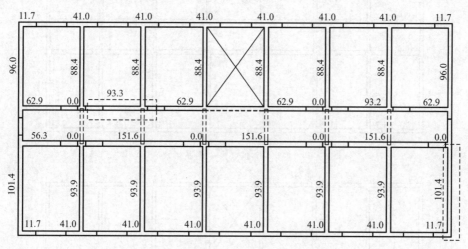

图 5-18 第一层墙体剪力设计值

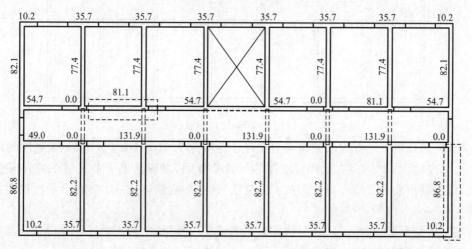

图 5-19 第二层墙体剪力设计值

砂浆强度等级为 M5 的砖砌体 $f_V=0.12$ MPa,故 $\sigma_0/f_V=3.42$,查表可得 ξ_N 为 1.296,$f_{VE}=\xi_N f_V=1.296\times0.12=0.156$ MPa。

$$V=101.45 \text{ kN}<\frac{f_{VE}A}{\gamma_{RE}}=\frac{0.156\times1.25\times1\ 000}{1.0}=195.00 \text{ kN},满足要求。$$

(3)其他墙体抗震验算

其他墙体的抗震强度验算方法同上,这里不再做详细分析,直接导出 PKPM 的计算结果,得到了一层、二层墙体的抗震效应比验算结果,如图 5-20、图 5-21 所示。各墙段的抗力效应比大于 1,即可满足要求;图中虚线框部分表示了纵、横抗力效应比最小的墙段,即该楼层最不利墙段。

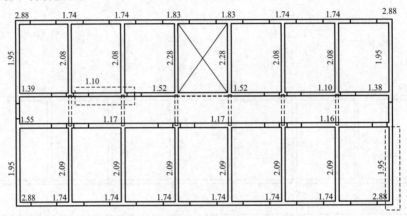

图 5-20　底层墙体抗震验算图(抗震效应比)

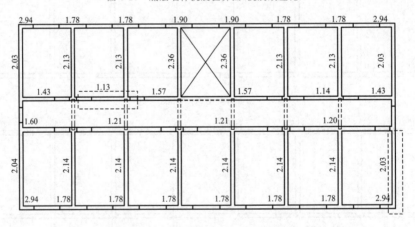

图 5-21　二层墙体抗震验算图(抗震效应比)

底层、第二层虚线框内的横墙剪力设计值为分别为 101.4 kN、86.8 kN,底层的地震剪力比二层约大 15%,但对比两层墙体的抗震验算图,发现这两者的抗震效应比相差并不大,这反映出墙体正应力对抗震抗剪强度的影响,底层墙体正应力较大会导致抗震抗剪强度变大。

在一般情况下,底层不一定是抗震最不利墙段的楼层,抗震不利墙段一般是从属面积较大或承担地震作用较大、竖向正应力较小和局部截面较小的墙体等。

3.构造措施与施工图

限于篇幅,这里列出了二层结构布置图及梁的截面图,如图 5-22 所示。

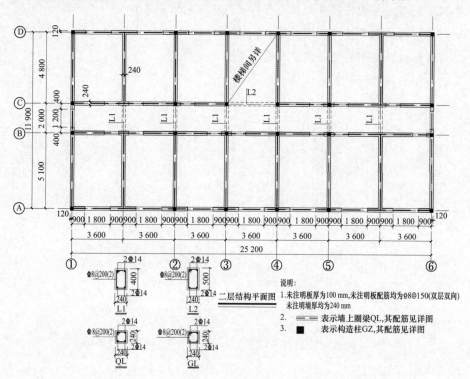

图 5-22 二层结构布置图

本章小结

建筑物应具有功能性和美观性的空间,其中建筑结构需充分发挥各材料的效能,抵御各种自然和人为的作用,满足结构承载力、变形及稳定性的需求和耐久性要求等,也要充分考虑合理造价的经济因素。在设计由概念方案向施工图逐步深化的过程中,结构设计应既从建筑的总体上进行把握,又要考虑结构技术的具体方面。在结构设计(含抗震设计)的流程中,应考虑两阶段抗震设计的基本要求,即进行小震下的强度验算和水平变形校核,必要时进行大震下的弹塑性变形校核。钢筋混凝土结构、砌体结构、钢结构是使用比较广泛的结构型式,抗震设计中要根据结构特点,在概念设计、抗震验算中要注重结构整体性指标、构件性指标的把握。

思考题

1.结构设计的流程是如何的?

2.两阶段抗震设计的基本要求是什么?

3.钢筋混凝土结构的抗震设计要点有哪些?

4.钢筋混凝土结构抗震分析中为什么要设置周期折减系数?

5.砌体结构的抗震设计要点有哪些?

6.砌体结构抗震不利墙段位于哪些楼层?

7.钢结构的抗震设计要点有哪些?

参考文献

1. 刘明光. 中国自然地理图集[M]. 北京：中国地图出版社，2010.

2. 中华人民共和国国家标准. GB 18036—2015，中国地震动参数区划图[S]. 北京：中国标准出版社，2015.（http://www.gb18306.net/）

3. 中华人民共和国国家标准 GB/T 17742—2020 中国地震烈度表[S]，北京：中国标准出版社，2020.

4. 中华人民共和国国家标准. GB 50011—2010，建筑抗震设计规范（2016 年版）[S]. 北京：中国建筑工业出版社，2010.

5. 周剑平. Origin 实用教程（7.5 版）[M]. 西安：西安交通大学出版社，2007.

6. 胡聿贤. 地震工程学[M]. 北京：地震出版社，2006.

7. 刘伯权，吴涛. 建筑结构抗震设计[M]. 北京：机械工业出版社，2011.

8. 白国良. 工程结构抗震设计[M]. 武汉：华中科技大学出版社，2012.

9. 郭继武. 建筑结构抗震[M]. 北京：清华大学出版社，2012.

10. 吕西林. 建筑结构抗震设计理论与实例（第四版）[M]. 上海：同济大学出版社，2015.

11. 刘恢先. 唐山大地震震害[M]. 北京：地震出版社，1986.

12. 同济大学土木工程防灾国家重点实验室. 汶川地震震害[M]. 上海：同济大学出版社，2008.

13. 陈肇元，钱稼茹等. 汶川地震建筑震害调查与灾后重建分析报告[M]. 北京：中国建筑工业出版社，2008.

14. 吕西林，任晓崧，李翔，李建中，刘威，唐益群. 四川地震灾区房屋应急评估与震害初探，建筑学报[J]. 2008，第 7 期：1—4.

15. （美）R. 克拉夫，J. 彭津著. 王光远等译. 结构动力学[M]. 北京：高等教育出版社，2006.

16. （美）乔普拉著. 谢礼立，吕大刚等译. 结构动力学：理论及其在地震工程中的应用[M]. 北京：高等教育出版社，2007.

17. （美）穆尔著. 高会生，刘童娜，李聪聪译. MATLAB 实用教程（第二版）[M]. 北京：电子工业出版社，2010.

18. 王济，胡晓. MATLAB 在振动信号处理中的应用[M]. 北京：中国水利水电出版社，知识产权出版社. 2006.

19. 章在镛，地震危险性分析及应用[M]. 上海：同济大学出版社，1996.

20. 中华人民共和国国家标准. GB 50223－2008,建筑工程抗震设防分类标准[S]. 北京:中国建筑工业出版社,2008.

21. 中国工程建设标准化协会标准. CECS 160:2004,建筑工程抗震性态设计通则(试用)[S]. 北京:中国计划出版社,2004.

22. 张熙光、王骏孙、刘惠珊,建筑抗震鉴定加固手册[M],北京:中国建筑工业出版社,2001.

23. 中华人民共和国国家标准. GB 50007－2011,建筑地基基础设计规范[S]. 北京:中国建筑工业出版社,2011.

24. 中华人民共和国国家标准. GB 50010－2010,混凝土结构设计规范[S]. 北京:中国建筑工业出版社,2011.

25. 中华人民共和国行业标准. JGJ 3－2010,高层建筑混凝土结构技术规程[S]. 北京:中国建筑工业出版社,2011.

26. 中华人民共和国国家标准. GB 50003－2010,砌体结构设计规范[S]. 北京:中国建筑工业出版社,2011.

27. 中华人民共和国国家标准. GB 50017－2003,钢结构设计规范[S]. 北京:中国计划出版社,2003.

28. 裴星洙. 建筑结构抗震分析与设计[M]. 北京:北京大学出版社,2013.

29. 翁大根,黄伟,吕西林. 钢框架消能减震体系研究与工程应用[J]. 建筑结构,2005,第 35 卷第 3 期:42－47.

30. 罗福午,张惠英,杨军. 建筑结构概念设计及案例[M]. 北京:清华大学出版社,2003.

31. (美)林同炎,(美)斯多台斯伯利著. 高立人,方鄂华,钱稼茹译. 结构概念和体系[M]. 北京:中国建筑工业出版社,1999.

32. 李永康,马国祝. PKPM2010 结构 CAD 软件应用与结构设计实例(新规范版)[M]. 北京:机械工业出版社,2012.